Principle and Application
of Microcontroller

单片机原理及应用

舒昌 马越 孙妍 主编

哈尔滨工业大学出版社
HARBIN INSTITUTE OF TECHNOLOGY PRESS

内 容 简 介

本书共分为 11 章,内容涵盖了 80C51 单片机的基础知识、编程基础、软件开发工具的使用以及各种常见外部设备的应用,在编写时注重原理与应用相结合,书中列举了大量实例,采用电子仿真软件(Proteus 软件)和 C 语言编译软件(Keil 软件)对各实例进行了相应的仿真,这不仅增加了学生们的学习兴趣,还可以使学生很快掌握接口电路设计及系统设计的基本方法。

本书可作为各类院校电子技术相关专业的单片机课程教材,也可供从事单片机应用设计的工程技术人员参考。

图书在版编目(CIP)数据

单片机原理及应用/舒昌,马越,孙妍主编. —哈尔滨:哈尔滨工业大学出版社,2024.5
ISBN 978 - 7 - 5767 - 1338 - 1

Ⅰ.①单⋯ Ⅱ.①舒⋯ ②马⋯ ③孙⋯ Ⅲ.①单片微型计算机-高等学校-教材 Ⅳ.①TP368.1

中国国家版本馆 CIP 数据核字(2024)第 073700 号

DANPIANJI YUANLI JI YINGYONG

策划编辑 刘培杰 张永芹
责任编辑 张嘉芮 李兰静
封面设计 孙茵艾
出版发行 哈尔滨工业大学出版社
社　　址 哈尔滨市南岗区复华四道街 10 号　邮编 150006
传　　真 0451 - 86414749
网　　址 http://hitpress.hit.edu.cn
印　　刷 哈尔滨圣铂印刷有限公司
开　　本 787 mm×1 092 mm　1/16　印张 15.75　字数 281 千字
版　　次 2024 年 5 月第 1 版　2024 年 5 月第 1 次印刷
书　　号 ISBN 978 - 7 - 5767 - 1338 - 1
定　　价 68.00 元

前　　言

　　随着科技的不断进步，单片机作为微处理器的一种形式，被广泛地应用于智能仪器、工业控制、家用电器、网络与通信、汽车电子等领域。其中，80C51 单片机因其稳定性、灵活性和易用性，在嵌入式系统设计中占据着重要地位。目前各大院校都将"单片机原理与应用"课程列为工科类的重要专业基础课程。为了更直接、更高效地学习并掌握单片机知识，以及在课程设计、毕业设计、电子设计大赛及社会实践中用好单片机，作者将长期从事该课程教学科研所积累的经验和其他已有资料进行了总结，从而形成本书。

　　本书在编写时注重原理与应用相结合。书中列举了大量实例，采用电子仿真软件（Proteus 软件）和 C 语言编译软件（Keil 软件）对各实例进行了相应的仿真，这不仅增加了学生们的学习兴趣，还可以使学生很快掌握接口电路设计及系统设计的基本方法。实例包括单片机 I/O 口的应用、LED 外设的驱动、计数/定时器的应用、LCD 显示器的应用、串行通信系统的应用等，针对这些实例的分析有利于提高学生对单片机应用系统的设计能力。

　　本书共分为 11 章，内容涵盖了 80C51 单片机的基础知识、C51 语言编程基础、软件开发工具的使用以及各种常见外部设备的应用。具体而言，第 1 章介绍了 80C51 单片机的基本概念和架构，为后续章节打下了扎实的基础。第 2 章和第 3 章分别讲解了 C51 语言的编程基础和 Keil C51 语言软件的入门与调试技巧，帮助读者掌握单片机程序的编写和调试方法。第 4 章介绍了 Proteus 电子仿真软件的基本操作，为读者提供了一个实验环境，方便他们在不消耗硬件资源的情况下进行程序验证。接下来的章节侧重于 80C51 单片机的各种功能模块及其应用。第 5 章至第 8 章分别介绍了 80C51 单片机的并行 I/O 口、中断系统、计数/定时器和串行口的原理和使用方法，帮助读者了解如何利用这些功能实现各种实际应用。第 9 章和第 10 章则介绍了常用的外部显示接口芯片和单片机与数据转换器的接口设计，扩展了读者的应用领域。最后一章为综合实例，通过两个完整的项目案例，将前面各章节的所有内容进行了整合和实践，帮助读者将理论知识应用到实际项目中去，提升他们的工程能力和解决问题的能力。

　　本书由哈尔滨学院的舒昌、马越、孙妍编写，全书共 28.1 万字。编写分工如下：第 1 章和第 9~11 章由舒昌编写，共计 13 万字；第 2~4 章和第 8 章由马越编写，共计 6 万字；第 5~7 章由孙妍编写，共计 7 万字。本书在编写过程中参考了其他同类文献及资料，在此对相关文献作者表示感谢。由于编者水平有限，书中难免存在不足和疏漏，欢迎读者批评指正。

编者

2024 年 2 月

目　　录

第 1 章　80C51 单片机基础知识

1.1　单片机概述

1.1.1　电子计算机的经典结构

1946 年 2 月 14 日，世界上第一台大规模的数字式的电子多用途计算机 ENIAC（electronic numerical integrator and computer）在美国宾夕法尼亚大学研制完成并投入使用。它的设计由约翰·莫克利（John Mauchly）和 J. 普雷斯伯·埃克特（J. Presper Eckert）领导，这两位科学家的工作对计算机科学产生了深远的影响。

ENIAC 是一台庞大的机器，由约 18 000 个电子管、大量的电子器件和数千根电线组成。其目的是执行各种复杂的数学运算，特别是在军事应用领域，如炮弹弹道计算等。这台计算机体积庞大，占据了一个大房间的空间，质量约为 30 t，消耗的电力也相当可观。与今天的计算机相比，ENIAC 的处理速度相对较慢，但它为当时的科学和技术领域提供了巨大的计算能力，为现代计算机技术的发展铺平了道路。

在研制 ENIAC 的过程中，约翰·冯·诺依曼（John von Neumann）在方案的设计上做出了重要的贡献，并提出了"程序存储"和"二进制运算"的思想，构建了计算机由运算器、控制器、存储器、输入设备和输出设备组成这一计算机的经典结构，如图 1.1 所示。

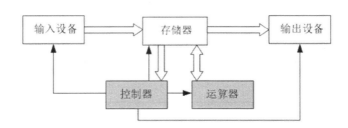

图 1.1　计算机的经典结构

之后计算机的发展经历了电子管计算机、晶体管计算机、中小规模集成电路计算机、大规模及超大规模集成电路计算机和智能计算机几个时代，但其组成仍没有脱离这一经典结构。

1.1.2　单片机的发展历史

单片微型计算机简称单片机，是由中央处理单元（central processing

unit，CPU）、存储器[包括数据储存器（random access memory，RAM），程序存储器（read only memory，ROM）]、并行输入／输出（I/O）口、串行 I/O 口、计数／定时器、中断系统、系统时钟电路及系统总线等组成的一个大规模或超大规模集成电路芯片。由于单片机在使用时通常处于测控系统的核心，国际上通常把单片机称为微控制器（micro controller unit，MCU），鉴于它完全做嵌入式应用，故又称为嵌入式微控制器（embedded micro controller unit，EMCU）。而在我国，大部分工程技术人员还是习惯使用"单片机"这一名称。

单片机是微型计算机发展的一个分支，具有体积小、结构简单、抗干扰能力强、可靠性高、性价比高、便于实现嵌入式应用、易于实现产品化等特点。1976 年，Intel 公司推出了第一款 8 位单片机 MCS-48，宣告了单片机时代的到来。在短短的几十年里，单片机技术获得了飞速的发展，在越来越多的领域得到了广泛的应用。

单片机的发展历史可以分为以下几个阶段。

1．单片机形成阶段

1976 年，Intel 公司推出了 MCS-48 系列单片机，基本型产品在片内集成有：

- 8 位 CPU；
- 1 kB 程序存储器；
- 64 B 数据存储器；
- 1 个 8 位计数/定时器；
- 2 个中断源。

主要特点：在单个芯片内完成了 CPU 、存储器、 I/O 接口等部件的集成；但存储器容量较小（不大于 4 kB），无串行口，指令系统功能不强。

2．结构成熟阶段

1980 年，Intel 公司推出了 MCS-51 系列单片机，基本型产品在片内集成有：

- 8 位 CPU；
- 4 kB 程序存储器；
- 128 B 数据存储器；
- 2 个 16 位计数/定时器；
- 5 个中断源，2 个优先级；
- 1 个全双工的串行口。

主要特点：存储器容量增加，寻址范围扩大（64 kB），指令系统功能强大。现在，MCS-51 已成为公认的单片机经典产品。

3．性能提高阶段

近年来，各半导体厂商不断推出新型单片机芯片，典型产品如 Silicon Labs 的 C8051F120 单片机在片内集成有：

- 8 位高速 CPU（100 MIPS）；
- 128 kB 程序存储器；
- 8 kB 数据存储器；
- 5 个 16 位计数/定时器；
- 20 个中断源；
- 8 个 8 位并口、2 个 UART，另有 SMbus 和 SPI 总线口；
- 增益可编程 8 路 12 位 A/D 转换器、2 路 12 位 D/A 转换器；
- 片内看门狗定时器等。

主要特点：片上接口丰富、控制能力突出、芯片型号种类繁多，因此"微控制器"的称谓更能反应单片机的控制应用品质 。

1.1.3　单片机产品的近况

随着微电子设计技术及计算机技术的不断发展．单片机产品和技术日新月异。单片机产品的近况可以归纳为：

1．51 系列单片机

通用微型机的性能体现在计算性能。单片机的性能体现在它的控制能力。目前虽有许多 32 位单片机产品，但应用广泛的仍以 8 位单片机为主。

51 系列的单片机是一种基于 MCS-51 内核的 8 位单片机。实践证明，MCS-51 单片机系统结构合理、技术成熟可靠。因此，许多单片机芯片生产厂商倾力于提高 MCS-51 单片机产品的综合功能，从而使得 MCS-51 成为主流产品。

目前市场上与 MCS-51 兼容的典型产品有：

- ATMEL 公司的 AT89S5x 系列单片机（lSP，在系统编程）；
- 宏晶公司的 STC89C5x 系列单片机（RS-232 串口编程）；
- Silicon Labs 公司的 C8051F 系列单片机（SoC，片内功能模块丰富）。

2．非 80C51 结构单片机

在 80C51 单片机及其兼容产品流行的同时，一些单片机芯片生产厂商也推出了一些非 80C51 结构的产品，影响比较大的有：

- Microchip 公司推出的 PIC 系列单片机，比如 PIC16、PIC18、PIC32 等系列，具有品种多、便于选型的特点，典型用于汽车附属产品；
- TI 公司推出的 MSP430F 系列单片机，是一款 16 位 CPU，具有低功耗的特点，典型用于电池供电产品；
- ATMEL 公司推出的 AVR 和 ATmega 系列单片机，比如 ATmega32、ATmega256 等，具有不易解密的特点，典型用于军工产品；
- ARM Cortex-M 系列，来自各种厂商，例如 STMicroelectronics 的 STM32 系列、NXP 的 LPC 系列、TI 的 TM4C 系列等，其中的型号包括 STM32F4、LPC1768、TM4C123 等；
- 乐鑫科技的 ESP 系列单片机，如 ESP8266 和 ESP32，这些单片机通常应用于物联网（IoT）。

1.1.4 单片机的应用领域

单片机的应用领域非常广泛，它可以用来实现各种检测、控制、运算、通信等任务，具有体积小、功耗低、成本低、可靠性高等优点。

单片机的应用领域可以分为以下几类：

- 家用电器领域：单片机可以用来控制电视、冰箱、洗衣机、空调、电饭煲、电子秤等各种家用电器，实现智能化、自动化、节能化等功能。
- 医用设备领域：单片机可以用来控制各种医用设备，如测温仪、电子体温计、分析仪、呼吸机、监护仪、超声诊断设备等，实现精确的测量、控制和诊断功能。
- 工业控制领域：单片机可以用来构成各种控制系统、数据采集系统、报警系统等，实现工厂流水线的智能化管理，楼房电梯的智能化控制，以及各种传感器、执行器的控制和通信功能。
- 智能仪器仪表领域：单片机可以与各种类型的传感器组合，实现各种物理量，如电压、功率、频率、湿度、温度、压力等的测量、显示、记录和控制功能。
- 计算机网络通信领域：单片机可以通过具备的通信接口，如串行口、并行口、USB 口、以太网口、无线模块等，与计算机或其他设备进行数据通信，实现数据的采集、处理、传输和接收功能。
- 大型电器中的模块化应用：单片机可以用来实现特定的功能，如电机控制、音频处理、视频处理、加密算法等，构成模块化的电路，方便与其他电路组合使用，提高系统的灵活性和可靠性。

1.2　51 单片机功能及引脚

MCS-51 是 Intel 公司生产的一个单片机系列名称，有多种型号，如：8051/8751/8031/8052/8752/8032，80C51/87C51/80C31/80C52/87C52/80C32 等。

该系列单片机的生产工艺有两种：第一种是 HMOS 工艺（即高密度短沟道 MOS 工艺），第二种是 CHMOS 工艺（即互补金属氧化物的 HMOS 工艺）。CHMOS 是 CMOS 和 HMOS 的结合，既保持了 HMOS 高速度和高密度的特点，还具有 CMOS 的低功耗的特点。在产品型号中凡带有字母 "C" 的即为 CHMOS 芯片，不带有字母 "C" 的即为 HMOS 芯片。

在功能上，该系列单片机有基本型和增强型两大类，通常以芯片型号的末位数来区分。末位数字为 "1" 的型号为基本型，末位数字为 "2" 的型号为增强型。如 8051/8751/8031/80C51/87C51/80C31 为基本型，而 8052/8752/8032/80C52/87C52/80C32 则为增强型。

20 世纪 80 年代中期以后，在计算机领域 Intel 以专利转让的形式把 8051 内核转让给了许多半导体厂家，如 Atmel、NXP、ANALOG DEVICES、DALLAS 等。这些厂家生产的芯片是 MCS-51 系列的兼容产品，准确地说是与 MCS-51 指令系统兼容的单片机。因此，当前我们探讨的 51 单片机并不特指 Intel 的 MCS-51 单片机，而是基于 8051 基核的、兼容 MCS-51 指令系统的一类单片机。

1.2.1　80C51 单片机的内部结构

这里我们以 80C51 单片机为例，讲述其芯片的特征，图 1.2 为 80C51 单片机基本型的内部结构。图 1.2 中与并行口 P3 复用的引脚有串行口输入和输出引脚 RXD 和 TXD、外部中断输入引脚 $\overline{INT0}$ 和 $\overline{INT1}$、外部计数输入引脚 T0 和 T1，外部数据存储器写和读控制信号 $\overline{WR}$ 和 $\overline{RD}$。80C51 单片机内部包含以下功能模块。

（1）CPU 模块：

- 8 位 CPU，含布尔处理器；
- 时钟电路；
- 总线控制。

（2）存储器模块：

- 128 B 的数据存储器（RAM，可在片外再外扩展 64 kB）；
- 4 kB 的内部程序存储器（ROM，可在片外再外扩展 64 kB）；
- 21 个特殊功能寄存器（SFR）。

（3）I/O 接口模块：

- 4 个并行 I/O 口，均为 8 位；

- 1 个全双工异步串行口（UART）；
- 2 个 16 位计数/定时器；
- 中断系统包括 5 个中断源、2 个优先级。

相对于 80C51 单片机基本型，增强型在资源上进行了增加：

- 片内 ROM 从 4 kB 增加到 8 kB；
- 片内 RAM 从 128 B 增加到 256 B；
- 计数/定时器从 2 个增加到 3 个；
- 中断源从 5 个增加到 6 个。

这里需要强调的是，随着芯片加工工艺的提升，各个单片机芯片生产商在保留 MCS-51 基核的基础上不断融入新的技术，51 单片机的片内资源也在不断丰富。

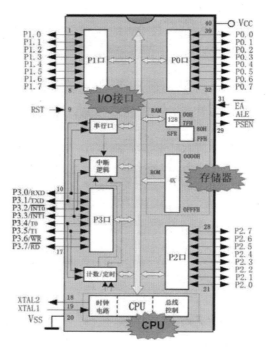

图 1.2 80C51 单片机基本型的内部结构

1.2.2 51 单片机的封装

51 单片机的封装主要有以下几种类型：

- DIP（dual in-line package）：双列直插式封装，是一种常见的封装方式，适用于插在插座或印刷电路板上的元器件。DIP 封装的 51 单片机一般有 40 个引脚，分为 2 排，每排 20 个。DIP 封装的 51 单片机的实物和引脚分布如图 1.3 所示。

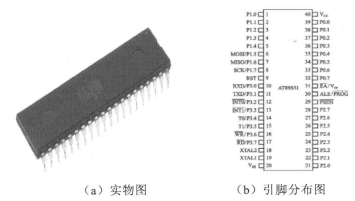

（a）实物图　　　　　（b）引脚分布图

图 1.3　DIP40 封装的 51 单片机的实物图和引脚分布图

- QFP（quad flat package）：四面平面封装，是一种四面平行的方形封装，适用于表面贴装的元器件。QFP 封装的 51 单片机一般有 44 个引脚，分为 4 排，每排 11 个。QFP 封装的 51 单片机的实物和引脚分布如图 1.4 所示。

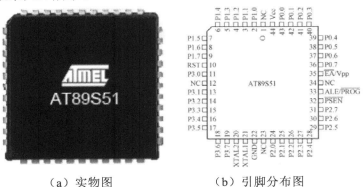

（a）实物图　　　　　（b）引脚分布图

图 1.4　QFP 封装的 51 单片机的实物图和引脚分布图

1.2.3　51 单片机的引脚及功能

这里我们以 DIP40 为例讲述 51 单片机的引脚及功能。

1．电源及时钟引脚（4 个）

- V_{CC}：电源接入引脚。

- V$_{SS}$：接地引脚。
- XTAL1：晶体振荡器接入的一个引脚。
- XTAL2：晶体振荡器接入的另一个引脚。

2．控制引脚（4个）

- RST/V$_{PD}$：复位信号输入引脚/备用电源输入引脚。
- ALE/$\overline{PROG}$：地址锁存允许信号输出引脚/编程脉冲输入引脚。
- $\overline{EA}$/V$_{PP}$：外部存储器选择引脚/片内 EPROM（或 Flash）编程电压输入引脚。
- $\overline{PSEN}$：外部程序存储器选通信号输出引脚。

3．并行 I/O 引脚（32个，分成4个8位端口）

- P0.0~P0.7：一般 I/O 口引脚或数据/低位地址总线复用引脚。
- P1.0~P1.7：一般 I/O 口引脚。
- P2.0~P2.7：一般 I/O 口引脚或高位地址总线引脚。
- P3.0~P3.7：一般 I/O 口引脚或第二功能引脚。

1.3　80C51 单片机内部结构

1.3.1　80C51 单片机的 CPU

80C51 单片机的 CPU 是一个 8 位的高性能处理器，它的作用是读入并分析每条指令，根据各指令的功能控制各功能部件执行指定的操作，其内部结构如图 1.5 所示，它主要由下述部分构成。

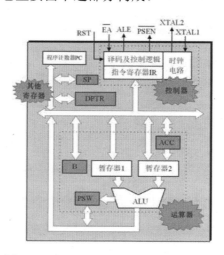

图 1.5　80C51 单片机 CPU 的内部结构

1．算术逻辑单元

80C51 单片机的算术逻辑运算单元（ALU）由一个加法器、两个 8 位暂存器（TMP1 和 TMP2）和布尔处理器组成。ALU 是 80C51 单片机的处理核心，程序通过累加器 A、寄存器 B 和寄存器组 R0~R7 等控制 ALU 以完成各种算术和逻辑运算，同时可以用乘法和除法指令来增强运算能力。

2．定时控制部件

定时控制部件起到控制器的作用，由定时控制逻辑、指令寄存器和振荡器等电路组成。单片机的工作过程就是执行用户编写的程序的过程，而控制单元可以完成此项重任。指令寄存器（instruction register，IR）用于存放从程序存储器中取出的指令码，定时控制逻辑用于对指令寄存器中的指令进行译码，并在晶体振荡器的配合下产生执行指令所需的时序脉冲，从而完成指令的执行过程。

3．专用寄存器组

专用寄存器组主要用来指示当前要执行指令的内存地址、存放操作数和指示指令执行后的状态等，包括程序计数器（PC）、累加器 A、程序状态字（program status word，PSW）寄存器、堆栈指针（stack pointer，SP）寄存器、数据指针 DPTR 和通用寄存器 B。

(1)程序计数器。

程序计数器是一个 16 位二进制的程序地址寄存器，用来存放下一条要执行指令的地址，指令执行完后可以自动加 1，以便指向下一条要执行的指令，可以说 CPU 就是靠 PC 指针来实现程序的执行。

(2)累加器 A。

累加器 A 是一个 8 位二进制寄存器，用来存放操作数和运算结果。在 CPU 执行某种运算前，两个操作数中的一个通常放在累加器 A 中，运算完成后便把结果存放在累加器 A 中，累加器 A 是使用最频繁的寄存器。

(3)程序状态寄存器。

PSW 是一个 8 位二进制寄存器，用来存放指令执行后的有关 CPU 状态，通常由 CPU 来填写，但是用户也可以改变各种状态位的值。PSW 标志位的定义见表 1.1。

表 1.1　PSW 标志位的定义

位序	PSW.7	PSW.6	PSW.5	PSW.4	PSW.3	PSW.2	PSW.1	PSW.0
符号位	CY	AC	F0	RS1	RS0	OV		P

①进位标志位 CY。

进位标志位 CY 用于表示加法运算中的进位和减法中的借位。若加法运算中有进位或减法运算中有借位，则 CY 位为 1，否则该位为 0。

②辅助进位 AC。

辅助进位 AC 用于表示加法运算时低 4 位有没有向高 4 位进位和减法运算中低 4 位有没有向高 4 位借位。若有进位或借位，则 AC 位为 1，否则该位为 0。

③用户标志位 F0。

用户标志位 F0 是由用户根据程序执行的需要自行设定的标志位，用户可以通过设置该位来决定程序的流向。

④寄存器选择位 RS1 和 RS0。

80C51 单片机有 4 个寄存器组，每组有 8 个 8 位工作寄存器 R0~R7，它在 RAM 中的实际物理地址可以根据需要来确定使用哪个寄存器组，RS1、RS0 选择工作寄存器组参见表 1.2。

表 1.2　RS1、RS0 选择工作寄存器组

RS1、RS0 位的值	R0~R7 寄存器组号	R0~R7 在 RAM 存储器中的物理地址
00	0	00H~07H
01	1	08H~0FH
10	2	10H~17H
11	3	18H~1FH

⑤溢出标志位 OV。

溢出标志位 OV 表示运算过程中是否发生了溢出。若执行结果超过了 8 位二进制数所能表示的数据的范围（即有符号数 –128~+127），则 OV 标志位为 1。对于无符号数（也就是都是正数），如果加法出现了进位、减法出现了借位，那么表示该次运算结果发生了溢出；对于有符号数，如果正数减负数的结果出现了负数、负数减正数的结果出现了正数，那么表示该次运算结果同样发生了溢出。无符号数与有符号数判断溢出的方法不一样，对于有符号数需要通过 OV 溢出标志位来判断，而无符号数要用进位表示位 CY 来判断。

⑥PSW.1 位。

PSW.1 位没有定义，系统没有使用，用户可以根据自己的需要来决定是否使用该标志位。

⑦奇偶标志位 P。

奇偶标志位 P 用于指示运算结果中 1 的个数的奇偶性。若 P=1，则累加

器 A 中 1 的个数为奇数；若 P = 0，则累加器 A 中 1 的个数为偶数。

(4)堆栈指针 SP。

堆栈是一种数据结构，堆栈指针 SP 是一个 8 位寄存器，指示了栈顶在内部 RAM 中的位置。数据写入堆栈称为入栈（PUSH），从堆栈中取出数据称为出栈（POP）。

堆栈是为了中断操作和子程序的调用而设立的，用于保存现场数据，即常说的断点保护和现场保护。单片机无论是转入子程序还是中断服务程序的执行，执行完之后还是要返回到主程序。在转入子程序和中断服务程序前，必须先将现场的数据保存起来，否则返回时 CPU 根本不知道原来的程序执行到哪一步、应该从何处开始执行。

80C51 单片机的堆栈是在 RAM 中开辟的，即堆栈要占据一定的 RAM 存储单元。同时 80C51 单片机的堆栈可以由用户设置，SP 的初始值不同，堆栈的位置也不同。

堆栈的操作有两种方法：

- 自动方式。在响应中断服务程序或调用子程序时，返回地址自动入栈。当需要返回执行程序时，返回的地址自动交给程序计数器 PC，以保证程序返回断点处继续执行。这种方式不需要编程人员干预。
- 手动方式。使用专用的堆栈操作指令进行入栈和出栈操作只有两条指令：进栈使用 PUSH 指令，用于在中断服务程序或子程序调用时保护现场；出栈使用 POP 指令，用于在子程序完成时为主程序恢复现场。

(5)数据指针 DPTR。

数据指针（data pointer，DPTR）是一个 16 位的寄存器，由两个 8 位寄存器 DPH 和 DPL 组成，其中 DPH 为高 8 位，DPL 为低 8 位。数据指针 DPTR 可以用来存放片内 ROM、片外 RAM 和片外 ROM 的存储区地址，用户通过该指针实现对不同存储区的访问。

(6)通用寄存器 B。

通用寄存器 B 是专门为乘法和除法而设置的寄存器，是一个二进制 8 位寄存器。在乘法或除法运算之前用来存放乘数或除数，在运算之后用来存放乘积的高 8 位或除法的余数。

1.3.2　存储器结构

80C51 单片机存储器的特点是将程序存储器和数据存储器分开编址，并有各自的寻址方式和寻址单元。对存储器的划分在物理上分为 4 个空间，片内 ROM、片外 ROM、片内 RAM 和片外 RAM，其结构图如图 1.6 所示。

其中，ROM 存储器地址空间有片内 ROM 和片外 ROM，其地址范围为 0000H~FFFFH；片内 RAM 地址空间的地址范围为 00H~FFH；片外 RAM 地址空间的地址范围为 0000H~FFFFH。

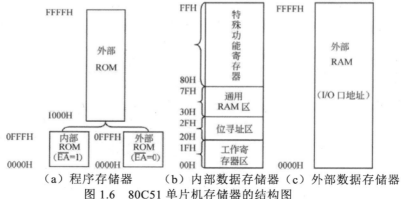

（a）程序存储器　（b）内部数据存储器（c）外部数据存储器

图 1.6　80C51 单片机存储器的结构图

1．程序存储器 ROM

程序设计人员编写的程序就存放在程序存储器中。单片机重新启动后，程序计数器 PC 的内容为 0000H，所以系统将从程序存储器地址为 0000H 的单元处开始执行程序。但是考虑到中断系统的应用，用户程序一般不是从 0000H 处开始连续存放，因为接下来的一段程序区要用来存放中断向量表，所以用户不能占用。要求地址分配如下：

- 0000H：存放转移指令，跳转到主程序。
- 0003H：外部中断 0 的中断地址区。
- 000BH：计数/定时器 0 的中断地址区。
- 0013H：外部中断 1 的中断地址区。
- 001BH：计数/定时器 1 的中断地址区。
- 0023H：串行通信的中断地址区。

用户程序一般从 0030H 处开始，而在 0000H 处放置一条跳转指令，这样单片机复位后能从 0000H 处跳转到用户的主程序。

另外，当单片机的 $\overline{EA}/V_{PP}$ 引脚接地时，程序存储器全部使用片外的 ROM；当单片机的 $\overline{EA}/V_{PP}$ 引脚接高电平时，CPU 先从内部的程序存储器中读取程序，当程序计数器 PC 值超过内部 ROM 的容量时，才转向从外部的程序存储器读取程序。

2．片内 RAM

80C51 单片机的片内 RAM 存储器共有 128 B，可分为 4 个区域：工作寄存器区、位寻址区、用户区和特殊功能寄存器区。

(1)工作寄存器区。

从 00H~1FFH 为 4 组工作寄存器区，每组占用 8 个 RAM 字节，记为 R0~R7。工作寄存器组的选择由程序状态字 PSW 中的 RS1~RS0 位确定。

(2)位寻址区。

从 20H~2FH 为位寻址区，16 B 的 128 位可以单独操作，可对每一位进行读取或写操作。每一位都有其自身位地址 00H~7FH 与之对应。位单元与其地址对应关系见表 1.3。

表 1.3　位单元与其地址对应关系

字节地址	位地址							
	D7	D6	D5	D4	D3	D2	D1	D0
20H	07H	06H	05H	04H	03H	02H	01H	00H
21H	0FH	0EH	0DH	0CH	0BH	0AH	09H	08H
22H	17H	16H	15H	14H	13H	12H	11H	10H
23H	1FH	1EH	1DH	1CH	1BH	1AH	19H	18H
24H	27H	26H	25H	24H	23H	22H	21H	20H
25H	2FH	2EH	2DH	2CH	2BH	2AH	29H	28H
26H	37H	36H	35H	34H	33H	32H	31H	30H
27H	3FH	3EH	3DH	3CH	3BH	3AH	39H	38H
28H	47H	46H	45H	44H	43H	42H	41H	40H
29H	4FH	4EH	4DH	4CH	4BH	4AH	49H	48H
2AH	57H	56H	55H	54H	53H	52H	51H	50H
2BH	5FH	5EH	5DH	5CH	5BH	5AH	59H	58H
2CH	67H	66H	65H	64H	63H	62H	61H	60H
2DH	6FH	6EH	6DH	6CH	6BH	6AH	69H	68H
2EH	77H	76H	75H	74H	73H	72H	71H	70H
2FH	7FH	7EH	7DH	7CH	7BH	7AH	79H	78H

(3)用户区。

用户区共 80 个 RAM 单元，用于存放用户数据或作为堆栈区，用户区中的存储区按字节进行存取。

(4)特殊功能寄存器区。

80C51 单片机有 21 个特殊功能寄存器（special function register，SFR），每个 RAM 地址占用一个 RAM 单元，离散地分布在 80H~FFH 地址中。这些寄存的功能已经做了专门的规定，用户不能修改其结构。表 1.4 是特殊功能寄存器分布一览表。

表 1.4　特殊功能寄存器分布一览表

SFR 名称	符号	位地址 / 位定义名 / 位编号								字节地址
		D7	D6	D5	D4	D3	D2	D1	D0	
寄存器 B	B	F7H	F6H	F5H	F4H	F3H	F2H	F1H	F0H	F0H
累加器 A	ACC	E7H	E6H	E5H	E4H	E3H	E2H	E1H	E0H	E0H
		ACC.7	ACC.6	ACC.5	ACC.4	ACC.3	ACC.2	ACC.1	ACC.0	
程序状态字寄存器	PSW	D7H	D6H	D5H	D4H	D3H	D2H	D1H	D0H	D0H
		CY	AC	F0	RS1	RS0	0V	F1	P	
		PSW.7	PSW.6	PSW.5	PSW.4	PSW.3	PSW.2	PSW.1	PSW.0	
中断优先级控制寄存器	IP	BFH	BEH	BDH	BCH	BBH	BAH	B9H	B8H	B8H
					PS	PT1	PX1	PT0	PX0	
I/O 口 3	P3	B7H	B6H	B5H	B4H	B3H	B2H	B1H	B0H	B0H
		P3.7	P3.6	P3.5	P3.4	P3.3	P3.2	P3.1	P3.0	
中断允许控制寄存器	IE	AFH	AEH	ADH	ACH	ABH	AAH	A9H	A8H	A8H
		EA			ES	ET1	EX1	ET0	EX0	
I/O 口 2	P2	A7H	A6H	A5H	A4H	A3H	A2H	A1H	A0H	A0H
		P2.7	P2.6	P2.5	P2.4	P2.3	P2.2	P2.1	P2.0	
串行数据缓冲器	SUBF									99H
串行控制寄存器	SCON	9FH	9EH	9DH	9CH	9BH	9AH	99H	98H	98H
		SM0	SM1	SM2	REN	TB8	RB8	T1	R1	
I/O 口 1	P1	97H	96H	95H	94H	93H	92H	91H	90H	90H
		P1.7	P1.6	P1.5	P1.4	P1.3	P1.2	P1.1	P1.0	
计数/定时器 1（高字节）	TH1									8DH
计数/定时器 0（高字节）	TH0									8CH
计数/定时器 1（低字节）	TL1									8DH
计数/定时器 0（低字节）	TL0									8AH
计数/定时器方式选择	TMOD	GATE	C/T	M1	M0	GATE	C/T	M1	M0	89H
计数/定时器控制寄存器	TCON	8FH	8EH	8DH	8CH	8BH	8AH	89H	88H	88H
		TF1	TR1	TF0	TR0	IE1	IT1	IE0	IT0	
电源控制及波特率选择	PCON	SMOD				GF1	GF0	PD	IDL	87H
数据指针（高字节）	DPH									83H
数据指针（低字节）	DPL									82H
堆栈指针	SP									81H
I/O 口 0	P0	87H	86H	85H	84H	83H	82H	81H	80H	80H
	P0	P0.7	P0.6	P0.5	P0.4	P0.3	P0.2	P0.1	P0.0	

①ALU 相关 SFR。

累加器 A：累加器 A 是最常用的寄存器，专门用来存放操作数或运算结果，大部分的数据操作都要通过累加器 A 进行。

通用寄存器 B：通用寄存器 B 是专门为乘法和除法设置的寄存器，为 8 位二进制寄存器。

程序状态字 PSW：该寄存器中保存了程序的运行状态。

②指针相关 SFR。

SP：SP 为程序的堆栈指针，指向栈顶元素，在操作堆栈时需要用到。

数据指针 DPTR：数据指针 DPTR 是一个 16 位寄存器，由两个 8 位寄存器 DPH 和 DP 组成。其中，DPH 为高 8 位，DPL 为低 8 位。

③中断相关 SFR。

IE（interrupt enable）：中断允许位寄存器，用来设置全局、定时器、串行口以及外部中断。

IP（interrupt priority：中断优先级寄存器，用来设置各种中断的优先级，各中断源可以设置为高优先级或低优先级。

④端口相关 SFR。

P0、P1、P2、P3：可以通过端口寄存器对端口进行读或写操作。

PCON（电源控制及波特率选择寄存器）：用来设置电源工作方式以及串行通信口中的波特率。

SCON（串口控制寄存器）：用来控制串口工作模式、数据格式、发送及接收中断标志等。

SBUF（串行数据缓冲寄存器）：是为接收或发送数据而设置的，为 8 位二进制寄存器，通过移位操作进行数据的接收或发送。

⑤计数/定时器相关 SFR。

TCON（计数/定时器控制寄存器）：用来设置中断请求方式、定时模式，设置计数/定时器的启动停止等。

TMOD （计数/定时器工作方式寄存器）：计数/定时器有 4 种工作模式，通过设置 TMOD 来决定工作方式。

TL0、TH0、TL1、TH1：在设置定时器初值时要用到 TL 和 TH，TL 为数据低 8 位，TH 为数据高 8 位。

另外，对于特殊功能寄存器 SFR，当其末位地址为 0 或 8 时可以进行位寻址。比如 P1 的地址为 90H，可以进行位寻址，而 SP 的地址为 81H，不能进行位寻址。

3．片外 RAM

如果片内 RAM 容量太小、不能满足系统需求，那么可以外接 RAM，但外部 RAM 大小不能超过 64 kB，因为 8051 的寻址范围为 64 kB。

1.3.3　I/O 口结构

I/O 口是单片机控制外围设备的重要接口，是和外围设备进行信息交换的主要途径。I/O 口有串行口和并行口之分。并行口一次可以传送一组二进制数据（如 8 位），而串行口一次只能传送一位二进制数据，传送多位数据时要分段发送。

1．并行 I/O 口

80C51 单片机有 4 个并行 I/O 口，分别为 P0、P1、P2、P3。每个端口都有双向 I/O 功能，可以从端口读取数据和向端口写入数据。4 个端口在结构上各有不同，因此功能也不一样。P0、P2 口除了作为通用 I/O 口外，P0口还可以作为外接存储器的低 8 位地址和数据端口，P2 口可以用来外接存储器的高 8 位地址；P1 口通常只作为输入、输出口使用；P3 口除了作为通用 I/O 口外，每个引脚都具有第二功能，如表 1.5 所示。

表 1.5   P3 口引脚的第二功能

位线	第二功能
P3.0	RXD（串行输入口）
P3.1	TXD（串行输出口）
P3.2	$\overline{INT0}$（外部中断 0）
P3.3	$\overline{INT1}$（外部中断 1）
P3.4	T0（定时器 0 的计数输入）
P3.5	T1（定时器 1 的计数输入）
P3.6	WR（外部数据存储器写脉冲）
P3.7	RD（外部数据存储器读脉冲）

2．串行 I/O 口

80C51 单片机具有一个全双工的可编程串行口，可以实现 8 位并行数据的串行发送和接收。在使用串行口之前必须对其初始化，即对 PCON 及 SCON 寄存器进行设置。

1.3.4   计数/定时器

80C51 单片机具有两个 16 位计数/定时器 T0 和 T1，分别与 2 个 8 位寄存器 TL0、TH0 及 TL1、TH1 对应。80C51 单片机的计数/定时器可以工作在定时方式和计数方式。

定时方式：定时方式是对单片机内部的时钟脉冲或分频后的脉冲进行计数。

计数方式：计数方式是对外部脉冲的计数。

1.3.5   中断系统

在程序的执行过程中，有时需要停下正在执行的工作转而执行一些其他的重要工作，并在执行完后返回到刚才执行的程序来继续执行，这就是中断的一般过程。

80C51 单片机有 5 个中断源，两个外部中断 $\overline{INT0}$ 和 $\overline{INT1}$，两个定时器

中断 T0、T1，还有一个串行中断。有两个中断优先级控制可实现中断服务嵌套，中断的控制由中断允许寄存器 IE 和中断优先级寄存器 IP 实现。

1.4　80C51 单片机的时钟与时序

单片机的工作过程是：取一条指令、译码、进行微操作，再取一条指令、译码、进行微操作，这样自动地、一步一步地由微操作依序完成相应指令规定的功能。各指令的微操作在时间上有严格的次序，这种微操作的时间次序我们称为时序。单片机的时钟信号用来为单片机芯片内部各种微操作提供时间基准。

1.4.1　80C51 单片机的时钟产生方式

80C51 单片机的时钟信号通常有两种方式产生：一种是内部时钟方式，另一种是外部时钟方式。

内部时钟方式如图1.7（a）所示。在80C51单片机内部有一振荡电路，只要在单片机的XTAL1和XTAL2引脚外接石英晶体（简称晶振）就构成了自激振荡器，并在单片机内部产生时钟脉冲信号。图1.7（a）中电容器C1和C2的作用是稳定频率和快速起振，电容值为5~30 pF，典型值为30 pF。晶振的振荡频率范围为1.2 MHz~12 MHz，典型值为12 MHz和6 MHz。

外部时钟方式是把外部已有的时钟信号引入到单片机内，如图1.7（b）所示。此方式常用于多片 80C51 单片机同时工作，以便使各单片机同步。一般要求外部信号高电平的持续时间大于 20 ns（1 ns = 10^{-9} s），且为频率低于 12 MHz 的方波。对于 CHMOS 工艺的单片机，外部时钟要由 XTAL1 端引入，而 XTAL2 引脚应悬空。

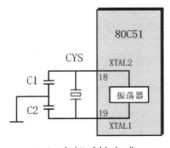

（a）内部时钟方式　　　　　　（b）外部时钟方式

图 1.7　80C51 单片机的时钟信号

1.4.2　80C51 单片机的时钟信号

晶振周期（或外部时钟信号周期）为最小的时序单位，如图 1.8 所示。

晶振信号经分频器后形成两相错开的时钟信号 P1 和 P2。时钟信号的周期也称为 S 状态，它是晶振周期的两倍。即一个时钟周期包含 2 个晶振周期。在每个时钟周期的前半周期，相位 1（P1）信号有效，在每个时钟周期的后半周期，相位 2（P2）信号有效。每个时钟周期有两个节拍（相）P1 和 P2，CPU 以 P1 和 P2 为基本节拍指挥各个部件协调地工作。

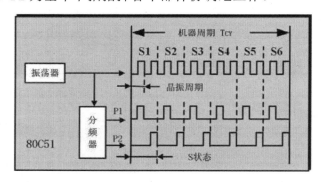

图 1.8　80C51 单片机的晶振周期

晶振信号 12 分频后形成机器周期，即一个机器周期包含 12 个晶振周期或 6 个时钟周期。因此，每个机器周期的 12 个振荡脉冲可以表示为 S1P1，S1P2，S2P1，S2P2，……，S6P1，S6P2。

指令的执行时间称为指令周期，80C51 单片机的指令按执行时间可以分为 3 类：单周期指令、双周期指令和四周期指令（四周期指令只有乘、除两条指令）。

晶振周期、时钟周期、机器周期和指令周期均是单片机时序单位。机器周期常用于计算其他时间（如指令周期）的基本单位。如当晶振频率为 12 MHz 时机器周期为 1 μs（$1\mu s = 10^{-6} s$），指令周期为 1~4 个机器周期，即 1~4 μs。

1.4.3　80C51 单片机的复位

复位是使单片机或系统中的其他部件处于某种确定的初始状态，单片机的工作就是从复位开始的。

1．复位电路

当在 80C51 单片机的 RST 引脚引入高电平并保持两个机器周期时，单片机内部就执行复位操作（若该引脚持续保持高电平，单片机就处于循环复位状态）。实际应用中，复位操作有两种基本形式：一种是上电复位，另一种是按键与上电均有效的复位，它们的电路如图 1.9 所示。

上电复位要求接通电源后，单片机自动实现复位操作。常用的上电复位电路如图 1.9（a）所示。上电瞬间 RST 引脚获得高电平，随着电容 C1 的充电，RST 引脚的高电平将逐渐下降。RST 引脚的高电平只要能保持足够的时间（两个机器周期），单片机就可以进行复位操作。该电路典型的电阻和电容参数为：当晶振为 12 MHz 时，C1 为 10 μF，R1 为 8.2 kΩ；当晶振为 6 MHz 时，C1 为 22 μF，R1 为 1 kΩ。

按键与上电均有效的复位电路如图 1.9（b）所示。上电复位原理与图 1.9（a）相同，另外在单片机运行期间，还可以利用按键完成复位操作。当晶振为 6 MHz 时，R2 为 200 Ω。

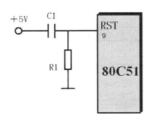
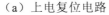
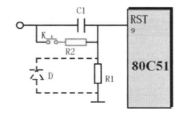

（a）上电复位电路　　　　　　（b）按键与上电均有效的复位电路

图 1.9　80C51 单片机的复位电路

2．单片机复位后的状态

单片机的复位操作使单片机进入初始化状态，初始化后，程序计数器 PC=0000H，所以程序从 0000H 地址单元开始执行。单片机启动后，片内 RAM 为随机值，运行中的复位操作不改变片内 RAM 的内容。

特殊功能寄存器复位后的状态是确定的。P0~P3 为 FFH，SP 为 07H，SBUF 不定，IP、IE 和 PCON 的有效位为 0，其余的特殊功能寄存器的状态均为 00H。相应的意义为：

- P0~P3=FFH，相当于各口锁存器已写入 1，此时不但可用于输出，也可以用于输入；
- SP=07H，堆栈指针指向片内 RAM 的 07H 单元（第一个入栈内容将写入 08H 单元）；
- IP、IE 和 PCON 的有效位为 0，各中断源处于低优先级且均被关断、串行通信的波特率不加倍；
- PSW=00H，当前工作寄存器为 0 组。

1.5　80C51 单片机的最小系统

单片机的最小系统是为单片机提供一个简化但完整的硬件环境，让单片机能够正常运行和进行基本的测试。图 1.10 为 80C51 单片机的最小系统图，其中 $\overline{\text{EA}}$/V$_{PP}$ 接的高电平，则单片机复位后将从内部 ROM 开始运行。

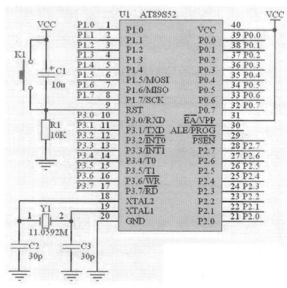

图 1.10　80C51 单片机的最小系统图

1.6　习　　　题

1. 简述单片机的发展历史。

2. 单片机主要应用在哪些领域？

3. 举例说明 51 单片机的主要型号和特点。

4. 80C51 单片机的片内、片外存储器如何选择？

5. 80C51 单片机内部包含哪些功能部件，它们完成什么功能？

6. 开机复位后，CPU 使用的是哪一组工作寄存器？CPU 如何确定和改变当前工作寄存器组？

7. 80C51 单片机的程序存储器低端的几个特殊单元的用途如何？

8. 在 80C51 单片机扩展系统中，片外程序存储器和片外数据存储器共处同一地址空间里为什么不会发生冲突？

9. 80C51 单片机 P0~P3 口的应用领域有什么不同？P3 口有哪些第二功能？

10. 80C51 单片机计数/定时器的定时方式和计数方式的区别是什么？

11. 80C51 单片机中断系统的组成有哪些？

12. 80C51 单片机复位后的状态如何？复位方法有几种？

13. 如果 80C51 单片机晶振频率为 12 MHz，那么机器周期为多少？

14. 80C51 单片机的 PSW 寄存器各位标志的意义如何？

第 2 章　C51 语言编程基础

在单片机应用开发中，软件编程占有非常重要的地位，要求编程人员在短时间内编写出执行效率高、运行可靠的程序代码。同时，由于实际系统的日趋复杂，对程序的可读性、升级与维护以及模块化的要求越来越高，以方便多个工程师协同开发。单片机应用系统的程序设计可以采用汇编语言完成，也可以采用 C 语言实现。汇编语言对单片机内部资源的操作直接简捷、生成的代码紧凑；C 语言在可读性和可重用性上具有明显的优势，特别是由于近年来 Keil C51 语言的推出，设计人员更趋于采用 C51 语言进行单片机程序设计。

能够对 80C51 单片机硬件进行操作的 C 语言统称为 C51 语言。在众多的 C51 语言编译器中，以 Keil 公司的 C51 语言最受欢迎，这是因为 Keil C51 语言不仅编译速度快，代码生成效率高，还配有 uVision 集成开发环境及 RTX51 实时操作系统。

C51 语言在标准 C 语言的基础上，根据单片机存储器硬件结构及内部资源扩展了相应的数据类型和变量，而在语法规定、程序结构与设计方法上，都与标准 C 语言相同。本章介绍 C51 语言的基础知识、C51 语言的函数及其程序设计举例。以下叙述中提到的 C51 语言均指 Keil C51 语言。

2.1　C51 语言简介

C51 语言是在标准 C 语言的基础上针对 51 单片机的硬件特点进行的扩展，并向 51 单片机上移植。经多年努力，C51 语言已成为公认高效、简洁的 51 单片机实用高级编程语言。与汇编语言相比，用 C51 语言进行软件开发有如下优点：

- 可读性好。C51 语言程序比汇编语言程序的可读性好，因而易于编程，程序便于修改、维护以及升级。
- 模块化开发与资源共享。C51 语言开发的模块可直接被其他项目所用，能很好地利用已有的标准 C 语言程序资源与丰富的库函数，减少重复劳动，也有利于多个工程师的协同开发。
- 可移植性好。为某型单片机开发的 C51 语言程序，只需将与硬件相关之处和编译链接的参数进行适当修改，就可方便地移植到其他型号的单片机上。例如，为 51 单片机编写的程序通过改写头文件以及少量的程序代码，就可以方便地移植到 PIC 单片机上。
- 生成的代码执行效率高。若使用优化编译选项，则最高可达 90%左右。

C51 语言与标准 C 语言有许多相同的地方，但也有自身特点，嵌入式 C 语言编译系统与标准 C 语言的不同主要在于它们所针对的硬件系统不同。C51 语言的基本语法与标准 C 语言相同，C51 语言在标准 C 语言的基础上进行了适合于 51 系列单片机硬件的扩展，深入理解 Keil C51 软件对标准 C 语言的扩展部分以及不同之处，是掌握 C51 语言的关键之一。C51 语言与标准 C 语言的主要区别如下：

- 库函数不同。标准 C 语言中的部分库函数不适合于嵌入式控制器系统，被排除在 Keil C51 软件之外，如字符屏幕和图形函数。有些库函数可继续使用，但这些库函数都必须针对 51 单片机的硬件特点做出相应的开发。例如库函数 printf 和 scanf，在标准 C 语言中，这两个函数通常用于屏幕打印和接收字符，而在 Keil C51 软件中，主要用于串行口数据的收发。

- 数据类型有区别，在 C51 语言中增加了几种针对 51 单片机特有的数据类型，在标准 C 语言的基础上又扩展了 4 种类型，例如 51 单片机包含位操作空间和丰富的位操作指令，因此 C51 语言与标准 C 语言相比就要增加位类型。

- C51 语言的变量存储模式与标准 C 语言中的变量存储模式数据不一样。标准 C 语言是为通用计算机设计的，计算机中只有一个程序和数据统一寻址的内存空间，而 C51 语言中变量的存储模式与 51 单片机的存储器紧密相关。

- 数据存储类型不同。51 单片机存储区可分为内部数据存储区、外部数据存储区以及程序存储区。内部数据存储区可分为 3 个不同的 C51 语言存储类型：data、idata 和 bdata。外部数据存储区可分为 2 个不同的 C51 语言存储类型：xata 和 pdata。程序存储区只能读不能写，在 51 单片机的内部或外部 C51 语言提供了 code 存储类型来访问程序存储区。

- 标推 C 语言没有处理单片机中断的定义，C51 语言中有专门的中断函数。

- C51 语言与标准 C 语言的 I/O 处理不一样。C51 语言中的 I/O 是通过 51 单片机的串行口来完成的，I/O 指令执行前必须对串行口进行初始化。

- 头文件的不同。C51 语言与标准 C 语言头文件的差异是 C51 语言头文件必须把 51 单片机内部的外设硬件资源（如定时器、中断、I/O 等）的相应的功能寄存器写入头文件。

- 程序结构有差异。首先，由于 51 单片机硬件资源有限，它的编译系统不允许太多的程序嵌套，其次，标准 C 语言所具备的递归特性不被 C51 语言支持，但是从数据运算操作程序控制语句以及函数的使用上来说，C51 语言与标准 C 语言几乎没有什么明显的差别。如果程序设计者具备了有关标准 C 语言的编程基础，那么只要注意 C51 语言与标准 C 语言的不同之处，并熟悉 51 单片机的硬件结构，就能够较快地掌握 C51 语言的编程。

2.2　C51 语言基础知识

2.2.1　关键字

关键字是编程语言保留的特殊标识符，它们具有固定名称和含义，在程序编写中不允许标识符与关键字相同。在 C51 语言中除了有 ANSI C 标准的 32 个关键字，还根据 51 单片机的特点扩展了其他相关的关键字。C51 语言编译器的扩展关键字如表 2.1 所示。

表 2.1　C51 语言编译器的扩展关键字

	用途	说明
bit	位标量声明	声明一个位标量或位类型的函数
sbit	位标量声明	声明一个可位寻址变量
sfr	SFR 声明	声明一个特殊功能寄存器
sfr16	SFR 声明	声明一个 16 位的特殊功能寄存器
data	存储器类型说明	直接寻址的内部数据存储器
bdata	存储器类型说明	可位寻址的内部数据存储器
idata	存储器类型说明	间接寻址的内部数据存储器
pdata	存储器类型说明	分页寻址的外部数据存储器
xdata	存储器类型说明	外部数据存储器
code	存储器类型说明	程序存储器
interrupt	中断函数说明	定义一个中断函数
reentrant	再入函数说明	定义一个再入函数
using	寄存器组选择	选择单片机的工作寄存器组
_at_	绝对地址说明	为非位变量指定存储空间绝对地址
small	存储模式选择	参数及局部变量放入可直接寻址的内部 RAM
compact	存储模式选择	参数及局部变量放入分页外部数据存储区(256 B)
large	存储模式选择	参数及局部变量放入分页外部数据存储区(多达 64 kB)

2.2.2　数据类型

C51 语言的基本数据类型如表 2.2 所示。针对 80C52 单片机的硬件特点，C51 语言在标准 C 语言的基础上扩展了 4 种数据类型，即 bit、sfr、sfr16 和 sbit。

表 2.2　C51 语言的基本数据类型

数据类型	位数	字节数	取值范围
signed char	8	1	–128~127
unsigned char	8	1	0~255
signed int	16	2	–32768~32767
unsigned int	16	2	0~65535
signed long	32	4	–2147483648~2147483647
unsigned long	32	4	0~4294967295
float	32	4	$-3.4*10^{38}$~$3.4*10^{38}$
double	64	8	$-1.79*10^{308}$~$1.79*10^{308}$
*	28	1~3	对象指针
bit	1		0
sfr	8	1	0~255
sfrl6	16	2	0~65535
sbit	1		可位寻址的绝对地址

下面对表 2.2 中扩展的 4 种数据类型进行说明。注意：扩展的 4 种数据类型不能使用指针对它们存取。

1．位变量 bit

bit 的值可以是 1（true），也可以是 0（false）。

2．特殊功能寄存器 sfr

80C52 单片机特殊功能寄存器在片内 RAM 区的 80H~FFH 之间，sfr 数据类型占用一个内存单元。利用它可访问 80C52 单片机内部的所有特殊功能寄存器。例如：sfr P1=0x90，这一语句定义 P1 在片内的存储器，在后面的语句中可用"P1=0xff"（使 P1 的所有引脚输出为高电平）之类的语句来操作特殊功能寄存器 P1。

3．特殊功能寄存器 sfr16

sfr16 数据类型占用两个内存单元。sfr16 和 sfr 一样用于操作特殊功能寄存器，所不同的是它用于操作占 2 B 的特殊功能寄存器。

例如：sfr16 DPTR=0x82 语句定义了片内 16 位数据指针寄存器 DPTR，其低 8 位字节地址为 82H，其高 8 位字节地址为 83H，在后面的语中可以对 DPTR 进行操作。

4．特殊功能位 sbit

sbit 是指 80C52 单片机内特殊功能寄存器的可位寻址位。

例如：

```
sfr    PSW = 0xd0;   /* 定义 PSW 寄存器地址为 0xd0   */
sbit   OV= 0xd2;      /*定义 OV 的位地址位 0xd2   */
```

不要把 bit 与 sbit 混淆，bit 用来定义普通的位变量，值只能是二进制的 0 或 1，而 sbit 定义的是特殊功能寄存器的可寻址位，其值是可进行位寻址的特殊功能寄存器的位绝对地址。

2.2.3　数据的存储类型

C51 语言完全支持 51 单片机硬件系统的所有部分，在 51 单片机中，程序存储器与数据存储器是完全分开的，且分为片内和片外两个独立的寻址空间，特殊功能寄存器与片内 RAM 统一编址，数据存储器与 I/O 口统一编址。C51 语言编译器通过把变量、常量定义成不同存储类型的方法将它们定义在不同的存储区中。C51 语言存储类型与 80C52 单片机的实际存储空间的对应关系如表 2.3 所示。

表 2.3　C51 语言存储类型与 80C52 单片机的实际存储空间的对应关系

类型	与存储空间的对应关系	长度/位	值域范围	备注
data	片内 RAM 直接寻址区，位于片内 RAM 的低 128 B 片内	8	0~255	
bdata	RAM 位寻址区，位于 20H~2FH 空间，允许位访问与字节访问	8	0~255	
idata	片内 RAM 间接寻址的存储区	8	0~255	由 MOV @Ri 访问
pdata	片外 RAM 的一个分页寻址区，每页 256 B	8	0~255	由 MOVX @Ri 访问
xdata	片外 RAM 全部空间，大小为 64 kB	16	0~65535	由 MOVX @DPTR 访问
code	程序存储区的 64 kB 空间	16	0~65535	

1．片内数据存储器

片内 RAM 可分为 3 个区域。

(1)DATA 区。该寻址是最快的，应该把经常使用的变量放在 DATA 区，但是 DATA 区的存储空间是有限的。DATA 区除了包含程序变量，还包含堆栈和寄存器组。DATA 区声明中的存储类型标识符为 data，通常指片内 RAM 128 B 的内部数据存储的变量可直接寻址。

声明举例如下：

```
unsigned char data system_status = 0;
unsigned int data unit_id[8];
char data inp_string[20];
```

标准变量和用户自声明变量都可存储在 DATA 区中，只要不超过 DATA 区的范围即可。由于 C51 语言使用默认的寄存器组来传递参数，因此 DATA 区至少失去了 8 B 的空间。另外，当内部堆栈溢出的时候，程序会莫名其妙地复位，这是因为 51 单片机没有报错的机制，堆栈的溢出只能以这种方式表现，因此要留有较大的堆栈空间来防止堆栈溢出。

(2)BDATA 区。该区是 DATA 中的位寻址区，在这个区中声明变量就可进行位寻址。BDATA 区声明中的存储类型标识符为 bdata，指的是内部

RAM 可位寻址的 16 节存储区（字节地址为 20H~2FH）中的 128 个位。

下面是在 BDATA 区中声明的位变量和使用位变量的例子：

```
unsigned char bdata status_byte;
unsigned int bdata status_word;
sbit stat_flag = status_byte^4;
if(status_word^15)
        {...}
stat_flag = 1;
```

C51 语言编译器不允许在 BDATA 区中声明 float 和 double 型变量。

(3)IDATA 区。IDATA 区使用寄存器作为指针来进行间接寻址，常用来存放使用比较频繁的变量。与外部存储器寻址相比，它的指令执行周期和代码长度相对较短。IDATA 区声明中的存储类型标识符为 idata，指的是片内 RAM 的 256 B 存储区，只能间接寻址且速度比直接寻址慢。

声明举例如下：

```
unsigned char idata system_status = 0;
unsigned int idata unit_id[8];
char idata inp_string[16];
float idata out_value;
```

2．片外数据存储器

PDATA 区和 XDATA 区位于片外数据存储区，PDATA 区和 XDATA 区声明中的存储类型标识符分别为 pdata 和 xdata。

PDATA 区只有 256 B，仅指定 256 B 的外部数据存储区。但 XDATA 区最多可达 64 kB，对应的 xdata 存储类型标识符可以指定外部数据区 64 kB 内的任何地址。对 PDATA 区寻址要比对 XDATA 区寻址快，因为对 PDATA 区寻址，只需要装入 8 位地址，而对 XDATA 区寻址则要装入 16 位地址，所以要尽量把外部数据存储在 PDATA 区中。对 PDATA 区和 XDATA 区的声明举例如下：

```
unsigned char xdata system_status = 0;
unsigned int pdata unit_id[ 8];
char xdata inp_string[16];
float pdata out_value;
```

3．程序存储器

程序存储 CODE 区声明的标识符为 code，存储的数据是不可改变的。在 C51 语言编译器中可以用存储区类型标识符 code 来访问程序存储区。

声明举例如下：

```
unsigned char code a[ ] ={0x00,0x01,0x02,0x03,0x04,0x81};
```

对单片机编程时，正确地定义数据类型以及存储类型，是所有编程者在编程前需要首先考虑的问题。在资源有限的条件下，如何节省存储单元并保证运行效率，是对开发者的一个考验。只有非常熟练地掌握 C51 语言中的各种数据类型以及存储类型，才能运用自如。对于定义变量的类型应考虑如下问题：程序运行时该变量可能的取值范围、是否有负值、绝对值有多大以及相应的需要多少存储空间。在够用的情况下，尽量选择 8 位（即一个字节）char 型，特别是 unsigned char。对于 51 系列这样的定点机而言，浮点类型变量将明显增加运算时间和程序长度，如果可以的话，尽量使用灵活巧妙的算法来避免浮点变量的引入。定义数据的存储类型通常遵循如下原则：只要条件满足，尽量选择内部直接寻址的存储类型 data，然后选择 idata（即内部间接寻址）。对于那些经常使用的变量要使用内部寻址，在内部数据存储器数量有限或不能满足要求的情况下才使用外部数据存储器。选择外部数据存储器可先选择 pdata 类型，最后选用 xdata 类型。

需要指出的是，扩展片外存储器的原理虽然很简单，但在实际开发中会带来不必要的麻烦，如可能降低系统稳定性、增加成本、拉长开发和调试周期等，建议充分利用片内存储空间。

2.2.4　数据的存储模式

如在变量定义时略去存储类型标识符，编译器会自动默认存储类型。默认的存储类型由 SMALL、COMPACT 和 LARGE 存储模式指令限制。例如，若声明 char var1，则在 SMALL 存储模式下，var1 被定位在 data 存储区中；在 COMPACT 模式下，var1 被定位在 idata 存储区中；在 LARGE 模式下，var 被定位在 xdata 存储区中。

在固定的存储器地址上进行变量的传递，是 C51 语言的标准特征之一。在 SMALL 模式下参数传递是在片内数据存储区中完成的。LARGE 和 COMPACT 模式允许参数在外部存储器中传递。C51 语言也支持混合模式。例如，在 LARGE 模式下，生成的程序可以将一些函数放入 SMALL 模式中，从而加快执行速度。下面对存储模式做进一步的说明。编译模式决定代码和变量的规模，C51 语言编译模式与变量的默认存储分区如表 2.4 所示。

表 2.4　C51 语言编译模式与变量默认存储分区

编辑模式	默认存储分区	特点
SMALL	data	变量在片内 RAM，空间小，速度快，适用于小程序
COMPACT	pdata	变量在片外 RAM 的一页（256 B）
LARGE	xdata	变量在片外 RAM 的 6 kB 范围，空间大，速度慢

注：在 uVision 中，存储模式在 Options for Target1→Target→Memory Model 中设定。

2.2.5　用_at_定义变量绝对地址

在 C51 语言中，可以用"_at_"定位全局变量存放的首地址，例如：

idata   int   y_at_0x30;   //idata 中全局变量 y 的首地址为 0x30
y=0xaa;   //整型变量 y 赋值 oxaa

对于外设接口地址的定义，要用 volatile 进行说明，其目的是可以有效地避免编译器优化后出现不正确的结果。volatile 的含义是每次都重新读取原始内存地址的内容，而不是直接使用保存在寄存器里的备份。

注意：在 C51 语言编程时变量的定位最好由编译器完成，用户不要轻易使用绝对地址定位变量。

2.3   C51 语言指针

C51 语言支持基于存储器的指针和一般指针两种指针类型。当定义一个指针变量时，若未给出它所指向的对象的存储类型，则指针变量被认为是一般指针，反之，若给出了它所指向对象的存储类型，则该指针被认为是基于存储器的指针。基于存储器的指针类型由 C51 语言源代码中的存储类型决定，用这种指针可以高效访问对象，且只需 1~2 B。

一般指针占用 3 B：1 B 为存储器类型，2 B 为偏移量。存储器类型决定了对象所用的 80C51 单片机的存储空间，偏移量指向实际地址。一个一般指针可以访问任何变量而不管它在 80C51 单片机存储器中的位置。

对于变量 a，可用 &a 表示 a 的地址，这时把 a 的地址赋指针变量 p 可以表示成语句：

p=&a;   //p 为指针变量。其值为变量 a 的地址，即 p 指向了变量 a

利用指针运算符"＊"可以获得指针所指向变量的内容，即*p 表示变量 a 的内容，例如：

char   *p;   //指针 p 指向字符型数据
p=0x30;   //指针赋值地址 0x30

指针也是一种变量，同样要存储在某一存储器中，定义时可以进行声明，例如：

char *data   p;   //p 指向字符型数据。指针本身存储在 data 区

2.3.1   已定义数据存储分区的指针

已定义数据存储分区的指针又称为基于存储器的指针，在定义时就已指定了所指向数据的存储分区，例如：

char   idata   *data   p   //p 指向 idata 的字符型数据，存储
                           指针本身在 data 区

基于存储器的指针长度为单字节或双字节，可以节省存储器资源。例如：

```
char    data    *str;    //单字节指针指向 data 区间中的 char 型数据
int    xdata    *num;    //双字节指针指向 xdata 区间中的 int 型数据
```

由于基于存储器的指针指向数据的存储分区在编译时就已经确定，所以运行速度比较快，但它所指向数据的存储器分区是确定的，故其兼容性不够好。

2.3.2　未定义数据存储分区的指针

定义指针变量时，未定义它所指向数据的存储分区，这样的指针又称为通用指针（或一般指针）。存放通用指针要占用 3 B，第一个字节为指针所指向数据的存储分区编码（由编译模式的默认值确定）；第二个字节为指针所指向数据的高字节地址；第三个字节为指针所指向数据的低字节地址。

通用指针的存储分区编码如表 2.5 所示。

表 2.5　通用指针的存储分区编码表

存储分区	bdata/data/idata	xdata	pdata	code
编码	0x00	0x01	0xfe	0xff

注：适用于 C51 语言编译器 V5.0 以上版本。

例如，当指向的数据在 xdata 储存分区、地址为 0x1234 时，该指针表示为：第一个字节为 0x01，第二个字节为 0x12，第三个字节为 0x34。

通用指针用于存取任何变量而不必考虑变量在 80C51 单片机的存储空间。许多 C51 语言库函数就采用通用指针。由于所指向数据的存储空间在编译时未确定，因此必须生成一般代码以保证对任意空间的数据进行存取，所以通用指针所产生的代码速度要慢一些

2.3.3　利用指针实现绝对地址访问

利用关键字"_at_"定义变量可以实现对绝对地址存储单元的访问，还可以利用指针实现对绝对地址存储单元的访问。例如：

```
unsigned    char    data    *p;    //定义指针 p，指向内部 RAM 数据
p=0x40;                //指针 p 赋值，指向内部 RAM 的 0x40 单元
*p=0x55;               //数据 0x55 送入内部 RAM 的 0x40 单元
```

为了编程方便，C51 语言编译器还提供了一组宏定义以实现对 80C51 单片机绝对地址的访问。这组宏定义原型放在 absacc.h 文件中，该文件包含如下语句：

```
#define    CBYTE ((unsigned    char    volatile    code    *) 0)
#define    DBYTE ((unsigned    char    volatile    code    *) 0)
```

```
#define  PBYTE ((unsigned  char  volatile  code  *) 0)
#define  XBYTE ((unsigned  char  volatile  code  *) 0)
#define  CWORD ((unsigned  char  volatile  code  *) 0)
#define  DWORD ((unsigned  char  volatile  code  *) 0)
#define  PWORD ((unsigned  char  volatile  code  *) 0)
#define  XWORD ((unsigned  char  volatile  code  *) 0)
```

这里把 CBYTE 定义为((unsigned char volatile code *) 0)，而(unsigned char volatile code*)对常值地址 "0" 进行强制类型转换，形成一个指针，指向了 code 区的 0 地址单元。因此 CBYTE 可以用于以字节形式对 code 区进行访问。类似地，DBYTE、PBYTE、XBYTE 用于以字节形式对 data 区、pdata 区和 xdata 区进行访问；CWORD、DWORD、PWORD 和 XWORD 用于以字节形式对 code 区、data 区、pdata 区和 xdata 区进行访问。

注意：C51 语言编程时用户不要轻易采用指针向绝对地址单元赋值，因为采用绝对地址赋值可能破坏 C51 语言编译系统构造的运行环境。

2.4 C51 语言函数

C51 语言程序由主函数和若干子函数构成，函数是构成 C51 语言程序的基本模块。C51 语言函数可分为两大类，一类是系统提供的库函数，另一类是用户自定义的函数。库函数及自定义函数在被调用前要进行说明，库函数的说明由系统提供的若干头文件分类实现，自定义函数说明由用户在程序中依规则完成。

2.4.1 C51 语言函数的定义

在 C51 语言中，函数的定义形式为：

返回值类型 函数名(形式参数列表)[编译模式][reentrant][interrupt n][using n]
    {
        函数体
    }

当函数没有返回值时，要用关键字 void 明确说明。形式参数的类型要明确说明，对于无形参的函数，括号也要保留。

[例 2.1] 延时毫秒函数示例（晶振 11.0592 MHz）。

```
void DelayMs (unsigned  int  n)    //延时函数
    {
        unsigned  char  j;
          while (n - -)
        {
```

```
        for (j=0; j<113; j++);
    }
}
```

该函数是用 C51 语言编写的延时程序，其延时时间尽管不能像汇编语言延时程序那样计算得十分准确，但利用 uVision 集成开发环境的 Registers 窗口中的 sec 数值还是可以调试得比较满意的。

2.4.2　C51 语言函数定义的选项

C51 语言函数的定义有几个重要选项，下面分别予以介绍。

1. 编译模式

可以定义为 SMALL、COMPACT 或 LARGE，用来指定函数中局部变量和参数的存储器空间。

SMALL 模式：默认变量在片内 RAM。

COMPACT 模式：默认变量在片外 RAM 的页内。

LARGE 模式：默认变量在片外 RAM 的 64 kB 范围内。

2. reentrant（定义重入函数）

如果函数是可重入的，那么当该函数正在被执行时，可以再次被调用。在 ANSIC 中，函数默认都是可重入的，因为系统具有足够大的堆栈空间。但一般的 80C51 单片机的硬件堆栈空间非常有限的（最大不超过 256 B），这部分空间编译器有时还要用作保存函数参数或局部变量，因此，**C51 语言函数默认是不可重入的**。C51 语言编译器为可重入函数构造一种模拟堆栈（相对于系统堆栈或是硬件堆栈来说），通过这个模拟堆栈来完成参数传递和存放局部变量。模拟堆栈以全局变量?C_IBP、?C_PBP 和?C_XBP 为栈指针（硬件堆栈的栈指针为 SP），这些变量被定义在数据空间内，并且可在文件 startup.a51 中进行初始化。根据编译时采用的存储器模式，模拟堆栈区可位于内部（IDATA）或外部（PDATA 或 XDATA）存储器中，不同编译模式对应的模拟栈区如表 2.6 所示。

表 2.6　不同编译模式对应的模拟栈区

存储模式	栈指针(字节数)	特点
SMALL	?C_IBP(1 B)	间接访问内部数据存储器(IDATA)，栈区最大位 256 B
COMPACT	?C_PBP(1 B)	分页寻址的外部数据存储器(PDATA)，栈区最大位 256 B
LARGE	?C_XBP(2 B)	外部数据存储器(XDATA)，栈区最大位 64 kB

使用可重入函数会消耗较多的存储器资源，应该尽量少用，还应注意**在可重入函数中不使用位参数和位局部变量**。

在使用不可重入的函数时（注：许多 C51 语言库函数是不可重入的），

要注意使用限制：不能进行递归调用；不能在被前台程序调用的同时又被中断程序（后台）调用；不能在多任务实时操作系统中被不同的任务同时调用。

3．interrupt n（定义中断函数）

n 为中断号，取值范围为 0~31，通过中断号可以决定中断服务程序的入口地址，常用的中断源对应的中断号如表 2.7 所示。

表 2.7　常用的中断源对应的中断号

中断源	外中断 0	定时器 0	外中断 1	定时器 1	串行口	定时器 2
中断号	0	1	2	3	4	5

使用中断函数时应该注意：中断函数不能带有参数，也没有返回值；被中断函数调用的函数中使用的工作寄存器组应该与中断函数中的工作寄存器组相同。

4．using n（确定中断服务函数所使用的工作寄存器组）

n 为工作寄存器组号，取值为 0~3。指定工作寄存器组后，所有被中断调用的函数都必须使用同一个寄存器组，否则参数传递就会发生错误。在不设定工作寄存器组切换时，编译系统会将当前工作寄存器组的 8 个寄存器都压入堆栈。

[例 2.2]中断函数定义示例。

```
#include <reg51.h>
sbit P10=P1^0;
woid Ex0_Isr (void) interrupt   0
  {
    if (INT0==0)      //测开关状态
  {
    P10=!P10;
     while (INT0==0) ;
    }
 }
```

2.4.3　C51 语言的库函数

C51 语言编译器提供了丰富的库函数，使用这些库函数可以大大提高编程的效率。但为了有效地利用单片机的存储器的有限资源，C51 语言函数在数据类型方面进行了一些调整：

- 数学运算库函数的参数和返回值类型由 double 调整为 float；
- 字符属性判断类库函数的返回值类型由 int 调整为 bit；
- 一些函数的参数和返回值类型由有符号定点数调整为无符号定点数。

常用的 C51 语言库函数参见附录 B。每个库函数都在相应的头文件中给出了函数的原形，使用时只需在源程序的开头用编译命令#include 将头文件包含进来即可。

[例 2.3] C51 语言库函数调用示例。

```
#include "intrins.h"    //在 intrins.h 中有对函数_nop_()的定义
void Delay7Us (void)    //11.0592MHz
{
    _nop_();_nop_();
}
```

与 ANSIC 相比较，C51 语言标准输入输出设备默认为单片机的串行口（在 PC 上是指键盘和显示器），所以使用标准输入输出函数之前要对串口进行初始化。

[例 2.4] C51 语言标准输入输出函数调用示例。

```
#include <reg51 .h>
#include <stdio.h>
void UartInit (void)
{
    SCON=0x50;   //串口工作方式 1，允许接收
    TMOD=0x20;   //定时器 1 方式 2（自动重装）
    TH1=0xFD;    //晶振 11.059 2 MHz 时，波特率为 9 600
    TR1=1;       //启动定时器 1
    TI=1;        //发送中断置 1
}
void main (void)
{
    UartInit ();
    printf ("Hello World n");
    while (l);
}
```

为了便于调试，uVision 提供了信息输入输出窗口，其功能是显示经由单片机串口输入输出的信息。凡通过标准输出函数向单片机串口输出的信息将显示在该窗口，通过标准输入函数输入到单片机串口的信息也将显示在该窗口。

2.5　习　　题

1. 为什么 C51 语言程序中应尽可能采用无符号格式？
2. C51 语言支持的数据类型有哪些？
3. 关键字 bit 与 sbit 的意义有何不同？
4. C51 语言支持的存储器分区有哪些？与单片机存储器有何对应关系？
5. 中断函数是如何定义的？各种选项的意义如何？
6. C51 语言函数在数据类型方面进行了哪些调整？

第 3 章 Keil C51 软件的入门与调试

单片机的程序设计需要在特定的编译器中进行，编译器完成对程序的编译、链接等工作，并生成可执行文件。对于单片机程序的开发，一般采用 Keil 公司的 uVision 集成开发坏境，它支持 C51 语言的程序设计。

本章主要介绍 uVision 5 集成开发环境以及如何使用该集成开发环境进行单片机的开发和调试。

3.1 Keil C51 软件的安装及启动

安装 Keil C51 软件需要按照以下步骤进行操作。

（1）下载 Keil C51 软件：访问 Keil 官方网站（https://www.keil.com/download/），并找到 Keil C51 软件的下载链接，您可能需要创建一个账号并登录。由于 Keil 软件针对 Cortex 和 ARM 器件、8051 系列、80251 系列和 C166 系列的产品的集成开发环境不同，因此利用 Keil 软件开发 51 单片机时需要选择 Keil C51 软件的版本。在下载页面，选择适用于您的操作系统的 Keil C51 软件的版本，下载并保存安装程序，Keil 软件列表如图 3.1 所示。

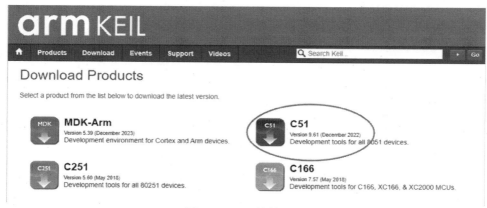

图 3.1 Keil 软件列表

（2）运行安装程序：打开下载的安装程序，并按照安装向导的指示进行操作，可能需要管理员权限来完成安装，Keil C51 软件的开始图标如图 3.2 所示。

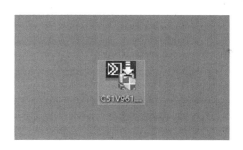

图 3.2　Keil C51 软件的开始图标

（3）选择安装路径：在安装过程中，您将被要求选择 Keil C51 软件的安装路径。选择一个适合您的位置，并确保磁盘空间足够。

（4）安装组件：在安装过程中，您可以选择要安装的组件。通常完整安装包含所有必需的组件，确保选择 C51 语言的相关组件。

（5）完成安装：完成所有设置后，继续安装。安装过程可能需要一些时间，具体时间取决于您选择安装的组件和计算机性能。

（6）导入 51 单片机产品库（支持包）：由于 Keil uVision 5 升级后需要导入开发的产品库（支持包），否则无法支持相应芯片的开发。这里我们可以借用宏晶公司的烧录工具 STC-ISP 软件来完成 51 单片机产品库的导入。打开 STC-ISP 软件之后，选择"Keil 仿真设置"，点击"添加型号和头文件到 Keil 中　添加 STC 仿真器驱动到 Keil 中"，后面按提示操作。STC-ISP 界面如图 3.3 所示。

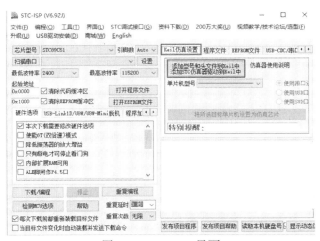

图 3.3　STC-ISP 界面

（7）启动 Keil C51 软件：安装完成后，可以在开始菜单或桌面上找到 Keil C51 软件的快捷方式，单击它以启动 Keil C51 软件 IDE。图 3.4 为 Keil C51 软件的启动界面。

图 3.4 Keil C51 软件的启动界面

（8）注册：在第一次运行 Keil C51 软件时，可能需要进行注册。按照注册向导的提示完成注册过程。完成这些步骤后，就成功安装了 Keil C51 软件，并可以开始使用它进行基于 80C51 系列微控制器的嵌入式软件开发，启动后 Keil C51 软件的主窗口如图 3.5 所示。

图 3.5 Keil C51 软件的主窗口

3.2 工作环境介绍

如图 3.5 所示，该软件提供了丰富的工具，常用命令都具有快捷工具栏。除代码窗口外，软件还具有多种观察窗口，这些窗口可使开发者在调试过程中随时掌握代码所实现的功能。屏幕界面提供菜单命令栏、快捷工具栏项目窗口、代码窗口、目标文件窗口、存储器窗口、输出窗口、信息输出窗口。

1．工程工作区窗口

工程工作区用于管理项目中的文件、调试运行时的寄存器以及与工程相关的说明文档。在 File 区可以添加/移除文件、编译单个文件或调试工程；在 Regs 区可以参看、设置寄存器的值；在 Books 区有关于开发环境的说明以及芯片器件的用户手册等。

2．文件编辑窗口

文件编辑窗口用于对源文件编辑、查看串行口 I/O、浏览整个工程以及代码性能分析。

3．信息输出窗口

信息输出窗口用于显示编译窗口输出程序编译结果，包括编译、链接、程序区大小、输出文件的个数/名称以及错误、警告等信息。

3.3　创 建 项 目

Keil uVision 5 中有一个项目管理器，用于对项目文件进行管理。它包含与程序的环境变量和编辑有关的全部信息，为单片机程序的管理带来了很大的便利。创建一个新项目具体步骤如下：

3.3.1　新建项目

在Keil C51软件中，"Project-new uVision Project"，填写项目名称后，在目标设备选择对话框中(图3.6)，选择目标单片机：STC89C52RC Series。

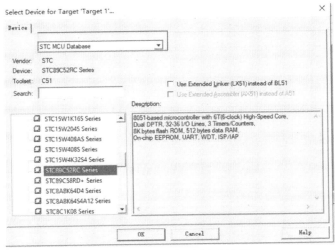

图 3.6　目标设备选择对话框

3.3.2 创建新的源程序文件

单击图标或选择 File→New 菜单项，则可以创建一个新的源程序文件，此命令会打开一个空的编辑窗口，图 3.7 为创建新的源程序示意图。

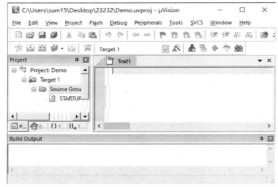

图 3.7　创建新的源程序示意图

在该窗口用 C51 语言键入源代码后，选择 File→Save/Save as 菜单项对源程序进行保存，或直接单击图标进行保存。保存时文件名可以是字符、字母或数字，而且需要自己带上扩展名。使用 C51 语言编写的源程序，扩展名为".C"或".c"。保存好源程序后，源程序窗口中的关键字呈彩色高亮度显示。源程序文件创建后，要把此文件添加到项目中，在工作环境中左边中间位置的项目工作区 Project Workspace 显示框内单击文件夹 Target 1 左边的符号"+"，再右击文件夹 Source Group 1，在弹出的界面中选择 Add Existing Files to Group Source Group 1，图 3.8 为添加程序文件至项目示意图。在弹出的对话框中选择刚才创建的源程序文件，然后单击 Add，再单击 Close 关闭对话框即可。

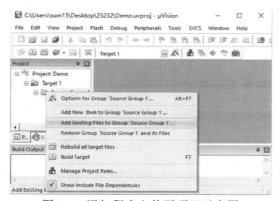

图 3.8　添加程序文件至项目示意图

3.3.3　为目标项目设定工具选项

单击图标或选择 Project→Options for Target 菜单项，则弹出 Options for Target 'Target 1'对话框，如图 3.9 所示。在此对话框中可对硬件目标及所选的器件片内部件进行参数设定。Options for Target 'Target 1'对话框各项描述如表 3.1 所列。

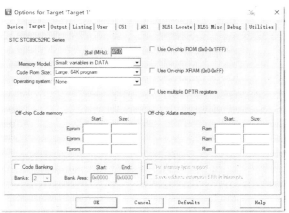

图 3.9　Options for Target 'Target 1'对话框

表 3.1　Options for Target 'Target 1'对话框各项描述

选项	描述
Xtal	指定器件的 CPU 时钟频率
Use On-chip ROM	使用片上自带的 ROM 作为程序存储器
Memory Model	指定 C51 语言编译器的存储模式。默认 SMALL
Code Rom Size	指定 ROM 存储器的大小
Off-chip Code memory	指定目标硬件上所有外部程序存储器的地址范围
Off-chip Xdata memory	指定目标硬件上所有外部数据存储器的地址范围
Code Banking	指定 Code Banking 参数

标准 80C51 的程序存储器空间为 64 kB，若程序空间超过 64 kB，则可在如图 3.9 所示的 Target 对话框中对 Code Banking 栏进行设置。Code Banking 为地址复用，可以扩展现有的 CPU 程序存储器寻址空间。选中 Code Banking 复选框，用户根据需求在 Banks 列表框中选择合适的块数。在 Keil C51 软件中，用户最多能使用 32 块 64 kB 的程序存储空间，即 2 MB 的空间。

3.3.4　编译项目并创建 HEX 文件

在 Target 选项卡中设置好工具后，就可以对源程序进行编译。单击图标或选择 Project→Build Target 菜单项，则可以编译源程序并生成应用。当编译的程序有错误时，uVision 5 将会在输出窗口（output window）的编译页（build）中显示出错误和警告信息，如图 3.10 所示。双击某一条信息，则光标停留在文本编译窗口中出错或警告的源程序位置上。当编译成功后，就可以开始调试。当要求产生一个 HEX 文件时，要将 Options for 'Target 1' 对话框 Output 选项卡中的 Create HEX File 复选框选中，则生成的 HEX 文件就可以下载到 EPROM 编程器或模拟器中。

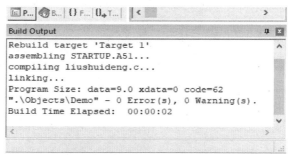

图 3.10 编译后输出窗口显示的错误和警告信息

3.4 Keil C51 程序调试器及程序调试方法

3.4.1 程序调试器

uVision 5 中集成了调试器（debug），它提供了两种调试模式：

（1）软件模拟仿真（use simulator）：此模式为纯软件调试，能够仿真 80C51 系列产品的绝大多数功能而不需要任何硬件目标板。

（2）硬件目标板在线仿真和硬件仿真。

这两种模式可以在 Options for Target 'Target 1' 对话框的 debug 选项卡中选择，如图 3.11 所示。

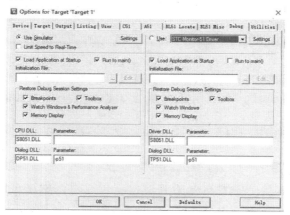

图 3.11 Options for Target 'Target 1' 对话框的 debug 选项卡

3.4.2　启动程序调试

Debug 选项配置完成之后，选择软件主工具栏中的 Debug→Start/Stop Debug Session 菜单项，即可启动 Debug 开始调试。启动 Debug 后 uVision 5 的窗口分配如图 3.12 所示。命令窗口用于键入各种调试命令，存储器窗口用于显示程序调试过程中单片机的存储器状态，观察窗口用于显示局部变量和观察点的状态。此外，主调试窗口位置还可以显示反汇编窗口、串行窗口以及性能分析窗口。通过选择 View 菜单中的相应选项（或单击工具条中相应按钮），可以很方便地实现窗口切换。

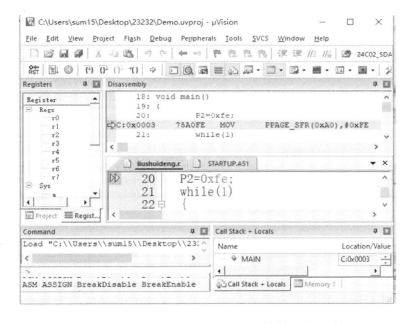

图 3.12　启动 Debug 后 uVision 5 的窗口分配图

1．反汇编窗口

在进行程序调试及分析时，经常用到反汇编。反汇编窗口同时显示了目标程序编译的汇编程序和二进制文件。选择 View→Dissembly Window，则弹出如图 3.13 所示的反汇编窗口，用于显示已经装到 uVision 5 的用户程序汇编语言指令、反汇编代码及其他地址。

当反汇编窗口作为当前活动窗口时，若单步执行指令，则所有的程序按照 CPU 指令即汇编指令来单步执行，而不是 C 语言的单步执行。

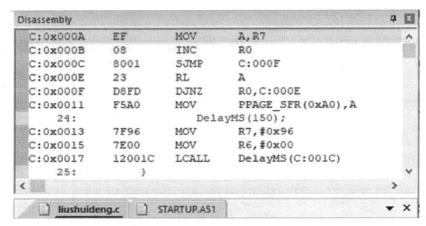

图 3.13　反汇编窗口图

2．寄存器窗口

在选择 Debug→Start/Stop Debug Session 菜单项后，在 Project Windows 的 Page 页中显示 CPU 寄存器内存，图 3.14 为寄存器窗口示意图。

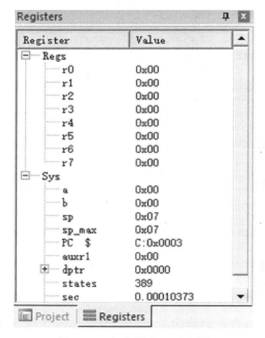

图 3.14　寄存器窗口示意图

3．存储器窗口

在存储器窗口中，最多可以通过 4 个不同的页来观察 4 个不同的存储区，每页都能显示存储器中的内容，图 3.15 为存储器窗口示意图。在 Address 文本框中输入地址值后，显示区域直接显示该地址的内容。若要更改地址中的内容，则只需要在该地址上双击并输入新的内容。

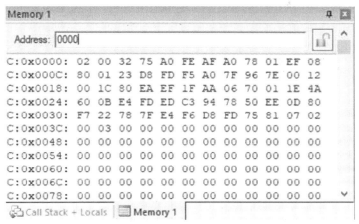

图 3.15 存储器窗口示意图

4．串行窗口

uVision 5 提供了 3 个专门用于串行调试输入和输出的窗口，被模拟仿真的 CPU 串行窗口数据输出将在该窗口中显示，输入串行窗口中的字符将输入到模拟的 CPU 中。选择 View→Serial Window→UART #1 或 Serial Window→UART #2 或 Serial Window→UART #3 菜单项即可打开串行调试窗口。

3.4.3 断点设置

程序调试时，一些程序行必须满足一定的条件才能被执行（如程序中某变量达到一定的值、按键被按下、串口接收到数据、有中断产生等），这些条件往往是异步发生或难以预先设定的，这类问题使用单步执行的方法是很难调试的，这时就要使用到程序调试中的另一种非常重要的方法：断点设置。断点设置的方法有多种，常用的是在某一程序行中设置断点。设置好断点后可以全速运行程序，执行到该程序行即停止，可在此观察有关变量值，以确定问题所在。可以通过以下方法来设置断点：

- 选择 Debug→Start/Stop Debug session 菜单项或单击快捷键 📾 开始调

试程序。

- 用 Debug→Insert/Remove Break Point 菜单项设置或移除断点（也可以用鼠标在该行双击实现同样的功能）；Debug→Enable/Disable Break point 开启或暂停光标所在行的断点功能；Debug→Disable All Break point 暂停所有断点；Debug→Kill All Break Point 清除所有的断点设置。这些功能也可以用工具条上的快捷按钮进行设置。
- 利用 Debug 菜单项，打开 Break point 对话框，在这个对话框中可以查看定义或更改断点的设置。
- Output Window 窗口的 Command 页也可以使用 Break set、Break kill、Break list、Break Enable 和 Break Disable 命令选项来进行断点设置。

3.4.4 目标程序的执行

目标程序的执行有以下方法：选择 Debug→Run 菜单项或直接单击图标 ；或根据调试目的选择 Debug→Step、Debug→Step over、Debug→Run to Cursor line。

3.5 习　　题

1. 简述创建一个新 Keil C51 语言工程的步骤。
2. 生成 HEX 文件的目的是什么，在 Keil C51 语言中如何生成 HEX？
3. 断点的作用是什么，如何在 Keil C51 语言中设置断点？
4. 创建一个工程，并编写一个程序，并用调试窗口观察。

第 4 章　Proteus 电子仿真软件入门

本章简要介绍 Proteus 软件的组成，详细说明 Proteus 软件的基本操作原理图设计和单片机仿真过程。

4.1　Proteus 软件介绍

Proteus 软件是一款广泛用于电子电路设计、模拟和调试的集成开发环境（IDE）软件。它为电子工程师和学生提供了一个强大的工具，用于设计和验证电路，以及评估其性能。以下是 Proteus 软件的一些主要特点：

- 电路设计与仿真：Proteus 软件允许用户轻松创建复杂的电路设计，并进行实时仿真，这有助于工程师在硬件制作之前验证其设计的准确性和稳定性。
- 多模块支持：软件支持多种电路模块，包括模拟电路、数字电路、微控制器和嵌入式系统。这使得用户可以在一个集成的环境中同时处理多个模块，更好地理解整体系统的运作。
- 实时调试：Proteus 软件提供了强大的实时调试功能，允许用户监视电路中的信号和参数，这对于排除故障和优化电路性能非常有帮助。
- 虚拟示波器：软件内置虚拟示波器，使用户能够观察电路中的信号波形，这有助于深入了解电路的工作原理，尤其是在微控制器和数字电路的应用中。
- PCB 设计：Proteus 软件还提供了先进的 PCB 设计功能，允许用户将他们的电路设计转化为实际的印刷电路板，这使得整个设计过程更加完整和可靠。

总体而言，Proteus 软件为电子工程师提供了一个全面的工具集，涵盖了从电路设计到实际硬件制作的整个过程。其直观的用户界面和强大的仿真功能使其成为电子设计领域中的首选工具之一。

4.1.1　Proteus 软件编译环境介绍

Proteus 软件集原理图设计、仿真和 PCB 设计于一体，实现了从概念到产品的设计；具有模拟电路、数字电路、单片机应用系统设计和仿真功能；具有各种信号源和电路分析所需的虚拟仪器；支持 Keil、MATLAB 等第三方软件编译和调试环境；具有强大的原理图设计和 PCB 设计功能，可以输出多种格式的电路设计报表。本节介绍的是 Proteus 8.6 Professional 的环境，图 4.1 为 Proteus 8.6 Professional 软件启动后的界面。如图 4.1 所示，若开始原理图的设计则点击 图标；若开始 PCB 设计则点击 图标。本文主要讲述的是基于原理图的单片机仿真技术，则选择点击原理图设计 。图 4.2 为点击原理图设计后的编辑操作界面。

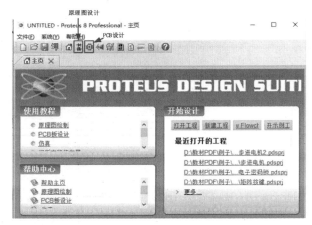

图 4.1 Proteus 8.6 Professional 软件启动后的界面

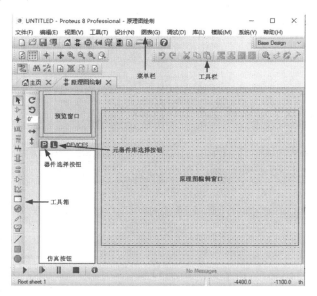

图 4.2 Proteus 8.6 Professional 点击原理图设计后的编辑操作界面

　　进入 Proteus 8.6 Professional 的原理图设计编辑操作界面后，可以看到
它由菜单栏、工具栏、预览窗口、器件选择按钮、工具箱、原理图编辑窗口、
对象选择器、仿真按钮等组成。

1．菜单栏

　　原理图设计的操作主菜单如表 4.1 所示，共有 11 项菜单，每项都有下
一级菜单。

表 4.1　原理图设计的操作主菜单

菜单图标	下一级菜单内容
文件	新建、加载、保存、打印等
编辑	撤销、重做、剪切、复制、粘贴、对齐、放到前面/后面、查找、清理等
视图	图纸网格设置快捷工具选项、图纸的放置缩小、工具条配置等
工具	实时标注、自动放线、网络表生成、电器规则检查、材料清单生成等
设计	设置属性编辑、添加和删除图纸、电源配置等
图表	传输特性、频率特性分析菜单、编辑图形、添加曲线、分析运行等
调试	启动调试、复位显示窗口等
库	制作原件、库管理等
模板	设置模板格式、加载模板等
系统	设置运行环境、系统信息、文件路径等
帮助	打开帮助文件设计实例、版本信息等

2．预览窗口

预览窗口可显示两部分内容：

- 在对象选择器中单击某个元件或在工具箱中单击元件按钮、元件终
端按钮、子电路按钮、虚拟仪器按钮等对象，则预览窗口显示
该对象的符号。
- 当鼠标光标落在原理图编辑窗口或在工具箱中选择按钮时，则显示
整张原理图的缩略图，以及一个绿色方框、一个蓝色方框。绿色方框
里的内容就是当前原理图编辑窗口中显示的内容，可在它上面单击来
改变绿色方框的位置，从而改变原理图的可视范围，蓝色方框内是可
编辑区的缩略图。

3．器件选择按钮

　　在工具箱中单击元件按钮时才有器件选择按钮，如图 4.3 所示。

　　器件选择按钮中的 P 为对象选择按钮，L 为库管理按钮。单击 P 按钮，
则弹出一个对象选择对话框。在此对话框的 Keywords 栏中键入器件名，单

击 OK 按钮就可以从库中选择元件，并将所选器件名列在对象选择器窗口中。

图 4.3　器件选择按钮

4．工具箱

在 Proteus 8.6 Professional 的原理图设计编辑操作界面有许多图标工具按钮，这些按钮对应的操作如下：

选择▶按钮：可在原理图编辑窗口中单击任意元件并编辑元件的属性。

元件▷按钮：在器件选择按钮中单击 P 按钮时根据需要从库中将元件添加到元件列表中，也可以在列表中选择元件。

连接点＋按钮：可在原理图中放置连接点，也可在不用边线工具的前提下，方便地在节点之间或节点到电路中任意点或线之间连线。

连线的网络标号 LBL 按钮：在绘制电路图时，使用网络标号可使连线简单化。

文本脚本■按钮：在电路中输入文本脚本。

总线┿按钮：总线在电路中显示的是一条粗线，它是一组端口线，由许多根单线组成。使用总线时，总线的分支线都要标好相应的网络标号。

子电路■按钮：用于绘制子电路。

元件终端■按钮：单击此按钮，则弹出 Terminals Selector 窗口。此窗口中提供了各种常用的端子，其中 DEFAULT 为默认的无定义的端子，INPUT 为输入端子，OUTPUT 为输出端子，BIDIR 为双向端子，POWER 为电源端子，GROUND 为接地端子，BUS 为总线端子。

元器件引脚▷按钮：单击该按钮时，则弹出窗口中出现各种引脚供用户使用，如普通引脚、时钟引脚等。

图表■按钮：单击该按钮，则在弹出的 Graph 窗口中出现各种仿真分析所需要的图标供用户选择。ANALOGUE 为模拟图表，DIGTAL 为数字图表，MIXED 为混合图表，FREQUENCY 为频率图表，TRANSFER 为转换图表，NOISE 为噪声图表，DISTORTION 为失真图表，FOURIER 为傅里叶图表，AUDIO 为声波图表，INTERACTIVE 为交互式图表，CONFORMANCE 为一致性图表，DC SWEEP 为直流扫描图表、ACSWEEP 为交流扫描图表。

信号源◎按钮：单击此按钮，则弹出的 Generator 窗口中将出现各种激励源供用户选择，如 DC（直流激励源）、SINE（正弦激励源）、PULSE（脉冲激励源）、EXP（指数激励源）等。

探针模式◢按钮：包括电压探针、电流探针和录音机（TAPE），是在原理图中添加探针和记录功能。

虚拟仪器圙按钮：单击该按钮，则弹出的 Instruments 窗口中出现虚拟仪器供用户选择，如 OSCILLOSCOPE（示波器）、LOGIC ANALYSER（逻辑分析仪）、COUNTER TIMER（计数/定时器）、SPI DEBUGGER（SPI 总线调试器）、I^{2}C DEBUGGER（I^{2}C 总线调试器）、SIGNAL GENERATOR（信号发生器）等。

画线◢按钮：用于创建元件或表示图表时绘制线。单击该按钮，则弹出的窗口中会出现多种面线工具供用户选择。COMPONENT 为元件连线，PIN 为引脚连线，PORT 为端口连线，MARKER 为标记连线，ACTUATOR 为激励源连线，INDICATOR 为指示器连线，VPROBE 为电压探针连线，IPROBE 为电流探针连线，TAPE 为录音机连线，GENERATOR 为信号发生器连线，TERMINAL 为端子连线，SUBCIRCUIT 为子路连线，2D GRAPHIC 为二位图连线，WIRE DOT 为线连接点连线，WIRE 为线连线，BUS WIRE 为总线连线，BORDER 为边界连线，TEMPLATE 为模板连线。

方框▣按钮：用于创建元件或者表示图表时绘制方框。

圆●按钮：用于创建元件或者表示图表时绘制圆。

弧线◗按钮：用于创建元件或者表示图表时绘制弧线。

文本▲按钮：用于插入各种文本。

二维图形标记◈按钮：用于二维图形的标记。

5．仿真按钮

▶：运行按钮。

▷：单步运行按钮。

‖：暂停按钮。

■：停止按钮。

6．原理图编辑窗口

原理图编辑窗口用于放置元件、连线、绘制原理图。在该窗口中，蓝色方框为可编辑区，电路设计必须在此窗口内完成。该窗口设有滚动条，用户单击预览窗口，拖动鼠标移动预览窗口的绿色方框就可以改变可视电路图区域。

在原理图编辑窗口中的操作有以下特点：
- 3D 鼠标中间的滚轮用于放大或缩小原理图；
- 单击鼠标左键用于放置元件、连线；
- 双击右键可删除已放置的元件或者删除连线；
- 先单击鼠标左键再单击鼠标右键可编辑元件属性；
- 按住鼠标左键或右键拖出方框可选中方框中的多个元件或者连线；
- 先右击选中对象再按住左键移动，或双击元件使元件变成黄色时，可拖动元件或连线。

4.2　电路原理图设计

电路原理图是由电子器件符号和连接导线组成的图形。图中器件有编号、名称、参数等属性，连接导线有名称、连接的器件引脚等属性。电路原理图的设计就是放置器件并把相应的器件引脚用导线连接起来，并修改器件和导线的属性。

1. 新建设计文件

在 Proteus 8.6 Professional 的原理图设计编辑操作界面选择 File→New Design 菜单项，则根据向导进行工程名称和存储位置的选择。下一步进入图纸选择界面，这里横向图纸为 Landscape，纵向图纸为 Portrait，DEFAULT 为默认模板。若设计没有特殊要求，则选 DEFAULT 即可。之后进入是否创建 PCB Layout 设计，若仅是仿真单片机程序，则可以选择不创建，之后单击"确定"建立项目。

2. 设计图纸大小

按照新建工程向导可以设计图纸大小，设计过程中若想更改图纸大小，则可以通过选择工具栏中的 System→Set Sheet size 菜单项，会弹出如图 4.4 所示的纸张大小选择对话框。根据设计需要选择图纸的大小然后单击"确定"即可。

图 4.4　纸张大小选择对话框

3．添加元器件

单击工具栏中的元器件选择图标 ，然后单击图纸预览窗口下面的对象选择器 P 按钮，或选择 Library→Pick Device 菜单项。在弹出如图 4.5 所示的元器件选择对话框后，在 Keywords 文本框中输入需要查找的元件名，则会在 Results 栏中显示出与输入匹配的元件。例如，在 Keywords 文本框中输入 at89c51，则会在 Results 中显示出若干匹配的 at89c51，如图 4.5 所示。然后双击该元件就可以将其添加到 ISIS 对象选择器中，在元件表中可以看到选中的元件名称。

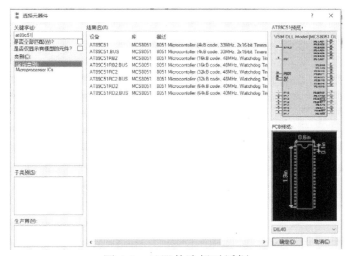

图 4.5　元器件选择对话框

4．放置、移动、旋转、删除对象

(1)放置元件。

在经过前面 3 步将所需要的元器件添加到对象选择器中后，在对象选择器中单击要放置的元件，则蓝色条出现在该元件名字上，再在原理图编辑窗口中单击，就放置了一个元件。

(2)移动元件。

在原理图编辑窗口中，若要移动元件或连线，则应先单击对象，使元件或连线处于选中状态（默认情况下为红色），再按住鼠标左键拖动，则元件或连线就跟随指针移动，到达合适位置松开鼠标左键即可。

(3)旋转元件。

放置元件前先单击要放置的元件，则蓝色条出现在该元件名上。单击方向工具栏上相应的转向按钮可旋转元件，再在原理图编辑窗口中单击就放置了一个已经改变方向的元件。也可以在放置元器件后右击该元件，在弹出的对话框中选择旋转即可实现器件向相应方向的旋转。

(4)删除元件。

在原理图编辑窗口中，右键双击该元件就可删除该元件，或者先单击再按下键盘的 Delete 键也可删除元件。

通过放置、移动、旋转、删除元件后，可将各元件放置在原理图编辑窗口的合适位置。

5．放置电源、地

(1)放置电源。

单击工具箱中的"元件终端"图标 ，在对象选择器中单击 POWER 使其出现蓝色条，再在原理图编辑窗口的合适位置单击将电源放置在原理图中。

(2)放置地。

单击工具箱中的"元件终端"图标 ，在对象选择器中单击 GROUND，再在原理图编辑窗口的合适位置单击就将地放置在原理图中。

6．布线

在原理图编辑窗口中设有专门的布线按钮，但系统默认自动布线按钮有效，因此可直接画线。

(1)在两个对象之间连线。

将光标靠近一个对象的引脚末端单击，移动鼠标指针使其放在另一个对象的引脚末端，再次单击就可以画一条连线。如果想手动设定走线路径，那么拖动鼠标在想要拐点处单击设定走线路径，到达画线端的另一端单击，就可画好一条连线。在拖动鼠标的过程中按住 Ctrl 键，在画线的另一端单击即可手动画一条任意角度的连线。

(2)移动画线、更改线型。

右击画线，则画线变成红色。拖动鼠标，则该线跟随移动。若同时移动多根线，则先框选这些线，再单击快移动按钮，拖动到合适的位置单击就可以改变线条的位置。

(3)总线及分支线的画法。

画线：将光标靠近一个对象的引脚末端单击，然后拖动鼠标，在合适位置双击即可画出一条直线。

画总线：可以把已经画好的单线设置为总线。选中该线右击，在弹出的级联菜单中选择"编辑连线式样"项，在全局式样名下拉列表框中选择BUS WIRE，然后单击"确定"即可。

画分支：将光标靠近一个对象引脚末端单击，然后拖动鼠标，在总线上单击即可画好一条分支。若要使分支与总线成任意角度，则要同时按住Ctrl 键再在总线上单击即可。

另外，画总线也可以直接点击工具栏中的总线 ⊪ 按钮，在相应位置点击左键确定总线起点，再在合适的位置点左键确定节点，若不继续画线，则双击左键后按下右键即完成总线的绘制。然后再进行分支的绘制，并利用工具栏中的网络标号 LBL 按钮进行标号。方法为点击网络标号 LBL 按钮，然后在需要标注标号的分支线上点击左键，在弹出的对话框中的"字符串"处填写标号，点击"确定"即可，图 4.6 为编辑连接标号示意图。字符串的命名可以是字母、数字和"_"等符号。

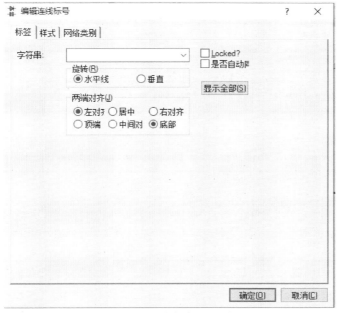

图 4.6　编辑连接标号示意图

7. 设置、修改元件属性

在需要修改的元件上右击，在弹出的级联菜单中选择"编辑属性"（edit properties）或按快捷方式 Ctrl+E，则弹出编辑元件对话框。例如，要修改一个电阻的属性，其对话框如图 4.7 所示。

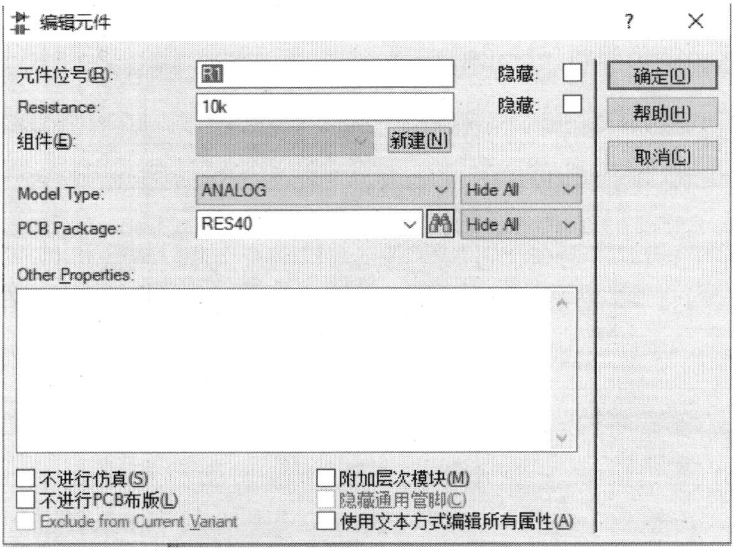

图 4.7 修改一个电阻属性的对话框

在此对话框中设置元件属性。如果需要成组设置，那么可以使用属性分配功能。用左键框选需要设置的所有器件，选择菜单栏的工具→属性赋值工具菜单项或者按快捷方式 A，则弹出如图 4.8 所示的属性赋值工具对话框。例 如，要把几个电阻的阻值均设置为 100，则在字符串文本框输入"value=100"，且选中"全局选中对象"单选按钮，然后单击"确定"关闭对话框即可。

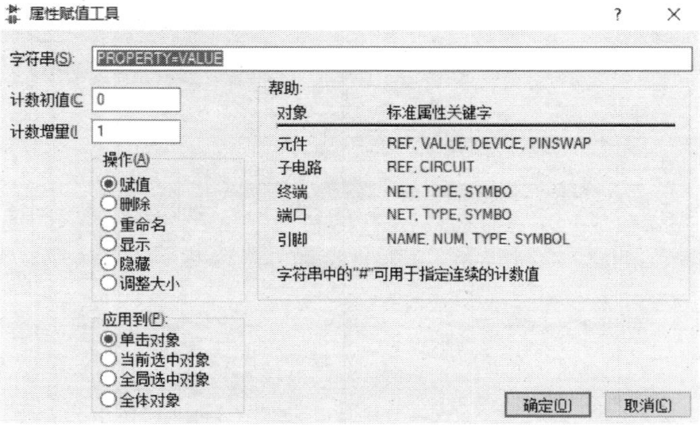

图 4.8 属性赋值工具对话框

8．建立网络表

网络表就是一个设计中有电器连接的电路。选择工具→编辑网络表菜单项，则弹出对话框。在此对话框中，可设置网络表的输出形式、模式、范围、深度和格式等。

9．电气规则检查

在一个电路设计中，画完电路图并生成网络表后，可进行电气规则检测。选择工具→电气规则检查菜单项，则弹出电气规则检测窗口，如图 4.9 所示。

图 4.9　电气规则检测窗口

4.3　习　　题

1. 利用 Proteus 软件完成原理图的绘制。

2. 如何在 Proteus ISIS 软件中设置和修改元件属性？

第 5 章　80C51 单片机的并行 I/O 口及其应用

80C51 单片机有四个 8 位的并行 I/O 口 P0、P1、P2 和 P3，是单片机控制外部设备的主要通道。各口均由口锁存器、输出驱动器和输入缓冲器组成。各口除可以作为字节 I/O 外，它们的每一条口线也可以单独地用作位 I/O 线。各口编址于特殊功能寄存器中，既有字节地址又有位地址。对口锁存器的读写，就可以实现口的 I/O 操作。这四个 I/O 口的功能不完全相同，所以它们的内部结构设计也是不同的。本节详细介绍这些 I/O 口的结构以便于读者掌握它们的结构特点，在使用时能够更好地选择和控制。

5.1　80C51 单片机的并行 I/O 口

5.1.1　P0 口的结构

P0 口字节地址为 80H，因此除了字节寻址外，也可以进行位寻址，位地址为 80H~87H，是一个双功能的 8 位并行口，一个功能是作为通用的 I/O 口使用，另一个功能是作为地址/数据总线使用。作为第二个功能使用时在 P0 口上分时送出低 8 位的地址和传送 8 位数据。这种地址和数据共用一个 I/O 口的方式称为总线复用方式，由它分时用作地址/数据总线。

P0 口的位结构如图 5.1 所示。P0 口由一个输出锁存器、一个转换开关 MUX、两个三态输入缓冲器、输出驱动电路、一个与门及一个反相器组成。当控制信号 C=0 时，MUX 开关向下，P0 口作为通用 I/O 口使用；当 C=1 时，MUX 开关向上，P0 口作为地址/数据总线使用。

1. P0 口作为通用 I/O 口使用

当系统不进行片外的 ROM 扩展，也不进行片外 RAM 扩展时，P0 用作通用 I/O 口。在这种情况下，单片机硬件自动使控制 C=0，MUX 开关接向锁存器的反相输出端。另外，与门输出的"0"使输出驱动器的上拉场效应管 T1 处于截止状态。**因此，输出驱动级工作在需外接上拉电阻的漏极开路方式。**

作为输出口时，CPU 执行口的输出指令，内部数据总线上的数据在"写锁存器"信号的作用下由 D 端进入锁存器，经锁存器的反相端送至场效应管

T2，再经 T2 反相在 P0.X 脚出现的数据正好是内部总线的数据。

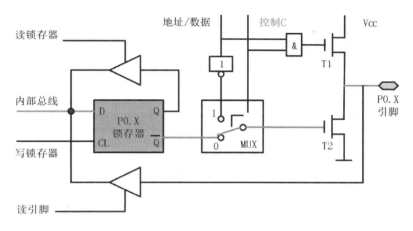

图 5.1　P0 口的位结构

作为输入口时，数据可以读自口的锁存器，也可以读自口的引脚。这要根据输入操作采用的是"读锁存器"指令还是"读引脚"指令来决定。CPU在执行"读—修改—写类输入"指令时，内部产生的"读锁存器"操作信号，使锁存器 Q 端数据进入内部数据总线，在与累加器 A 进行逻辑运算之后，结果又送回 P0 的口锁存器并出现在引脚。读口锁存器可以避免因外部电路原因使原口引脚的状态发生变化造成的误读。

CPU 在执行"MOV"类输入指令时，P0 内部产生的操作信号是"读引脚"。这时必须注意，在执行该类输入指令前要先把锁存器写入"1"，目的是使场效应管 T2 截止，从而使引脚处于悬浮状态，可以作为高阻抗输入。否则，在作为输入方式之前曾向锁存器输出过"0"，则 T2 导通会钳位在"0"电平，使输入高电平"1"无法读入。所以，P0 口在作为通用 I/O 口时，属于准双向口。**注意，在利用 C51 语言进行程序开发时，需要的写入"1"的操作已经被编译器自动添加，无需开发者撰写。**

2. P0 用作地址/数据总线

当系统进行片外的 ROM 扩展或进行片外 RAM 扩展时，P0 用作地址/数据总线。在这种情况下单片机内硬件自动使 C=1，MUX 开关接向反相器的输出端，这时与门的输出由地址/数据线的状态决定。

CPU 在执行输出指令时，低 8 位地址信息和数据信息分时出现在地址/数据总线上，若地址/数据总线的状态为"1"，则场效应管 T1 导通、T2 截止，引脚状态为"1"；若地址/数据总线的状态为"0"，则场效应管 T1 截止、T2 导通，引脚状态为"0"。可见 P0.X 引脚的状态正好与地址/数据线的信息相同。

CPU 在执行输入指令时，首先低 8 位地址信息出现在地址/数据总线上，P0.X 引脚的状态与地址/数据总线的地址信息相同。然后，CPU 自动地使转换开关 MUX 拨向锁存器并向 P0 口写入 FFH，同时"读引脚"信号有效，数据经缓冲器进入内部数据总线。由此可见，P0 口作为地址/数据总线使用时是一个真正的双向口。

5.1.2 P1 口的结构

P1 口字节地址为 90H，可以进行位寻址，其位地址为 90H~97H，只作为通用 I/O 口使用。图 5.2 为 P1 口的位结构，P1 口由一个输出锁存器、两个三态输入缓冲器和输出驱动电路组成输出驱动电路。由于 P1 口内部场效应管 T 有上拉电阻，因此作为通用 I/O 口时无需上拉电阻，也是一个准双向 I/O 口。

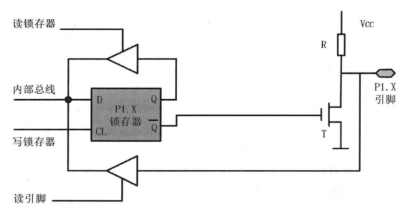

图 5.2　P1 口的位结构

5.1.3 P2 口的结构

P2 口字节地址为 A0H，可以进行位寻址，其位地址为 A0H~A7H。P2 口是一个双功能口，既可以作为通用 I/O 口使用，也可以作为高 8 位地址总线输出使用，图 5.3 为 P2 口的位结构。由图 5.3 可以看出，P2 口由一个输出锁存器、一个转换开关 MUX、两个三态输入缓冲器输出驱动电路和一个反相器组成。

当不需要在单片机芯片外部扩展程序存储器，或仅需要扩展 256 B 的片外 RAM 时，只用到了地址线的低 8 位（此时访问片外 RAM，仅利用 P0 口即可实现），P2 可以作为通用 I/O 口使用。

作为通用 I/O 口时，由于 P2 内部场效应管含有上拉电阻，因此不再需要外部上拉电阻，也是一个准双向口。

当需要在单片机芯片外部扩展程序存储器或扩展的 RAM 容量超过 256 B 时，单片机内硬件自动使控制 C=1，MUX 开关接向地址线，这时 P2.X 引脚的状态正好与地址线的信息相同。

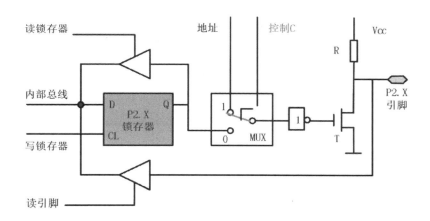

图 5.3　P2 口的位结构

5.1.4　P3 口的结构

P3 口字节地址为 B0H，可以进行位寻址，其位地址为 B0H~B7H。P3 口是一个多功能端口，它除了作为通用 I/O 口使用，还在 P3 口电路中增加了引脚的第二功能，各功能详见表 1.5，P3 口的位结构如图 5.4 所示。由图 5.4 可以看出 P3 口由一个输出锁存器、三个输入缓冲器（其中两个为三态）、输出驱动电路和一个与非门组成。输出驱动电路与 P2 口和 P1 口相同，内部有上拉电阻。

当处于第一功能时，第二输出功能线为"1"，此时内部总线信号经锁存器和场效应管 I/O，其作用与 P1 口作用相同，也是静态准双向 I/O 口。当处于第二功能时，锁存器输出"1"，通过第二输出功能线输出特定的内含信号。在输入方面，既可以通过缓冲器读入引脚信号，还可以通过替代输入功能读入片内特定的第二功能信号。由于输出信号锁存并且有双重功能，故 P3 口为静态的双功能口。

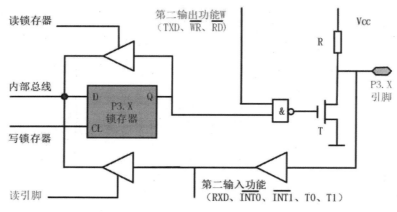

图 5.4　P3 口的位结构

5.1.5　80C51 单片机 I/O 口的驱动能力

80C51 单片机采用的是 5 V 供电，输出电平为正逻辑电平，即当输出逻辑 "1" 时，输出电平约为 5 V，当输出逻辑 "0" 时，输出电平约为 0 V。但在基于单片机的应用系统设计时，除了电压参数，还需考虑输出端口的电流特性。对于每个 80C51 单片机的 I/O 口线，其驱动电流特征为：

- 每根口线最大可吸收 10 mA 的（灌）电流；
- P0 口吸收电流的总和不能超过 26 mA；
- P1、P2 和 P3 每个口吸收的电流总和限制在 15 mA；
- 4 个口所有口线吸收的电流总和限制在 71 mA。

因此对于一些需要大电流驱动的器件，如直流电机等，需要增加驱动电路。

5.2　80C51 单片机的并行 I/O 口的应用举例

5.2.1　I/O 口作为输出举例

1．LED 接口

发光二极管（LED）是单片机应用系统最为常用的输出设备，应用形式有单个 LED、LED 数码管和 LED 阵列。本节以流水灯项目为例，展示以 80C51 单片机的并行 I/O 口作为输出端口的应用，通过单片机控制 8 个独立 LED，实现发光 LED 被循环点亮的功能。

打开 Proteus 8.6 Professional 软件的原理图设计编辑操作界面后，添加表 5.1 中所列的元器件，图纸大小按照默认即可。单击工具箱中的 "元件终端"图标，在对象选择器中单击 POWER 可添加 V_{CC}，单击 GROUND 可添加 GND，器件方向可在放置后右键点击元件后弹出的对话框进行选择旋转方向，按照图 5.5 所示的流程灯电路连接图进行连线，完成电路图绘制。

表 5.1　元器件清单

元件名称	所属类	所属子类	数量及数值
80C51	Microprocessor ICs	8051 Family	1
Crystal	Miscellaneous		1(6 MHz)
Cap	Capacitors	Generic	2(30 pF)
		Electrolytic Aluminum	1(10 uF)
Res	Resistors	Generic	8(100 Ω)
			1(10 kΩ)
LED-RED	Optoelectronics	LEDs	8(RED)

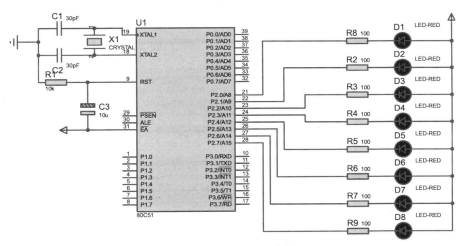

图 5.5　流程灯电路连接图

接下来，需要利用 Keil C51 软件完成工程的软件设计，按照 3.3 节所述的 Keil C51 软件的工程建立方法建立工程，源程序清单如下：

```
/*    名称：从左到右的流水灯
    说明：接在 P2 口的 8 个 LED 循环依次点亮，产生流水灯效果*/
#include<reg51.h>
#include<intrins.h>
#define uchar unsigned char
#define uint unsigned int
    //延时子程序
void DelayMS(uint x)
```

```
{
    uchar   i;
    while(x--)
    {
        for(i=0;i<120;i++);
    }
}
    //主程序
void main()
{
    P2=0xfe;
    while(1)
    {
        P2=_crol_(P2,1); //P2 的值向左循环移动
        DelayMS(150);
    }
}
```

在以上代码中，头文件 reg51.h 是必备的，对于增强型，如 80C52 单片机或 AT89C52 单片机，头文件可改为 reg52.h。该头文件中包含了与 80C51 微控制器的寄存器交互所需的定义，例如端口、定时器、中断等。头文件 intrins.h 的引入是因为在主函数中我们利用了库函数 "_crol_(P2,1)"，该函数的作用是将参数 1 左移一位后再赋值，该函数的定义就在 intrins.h 中。子程序 "void DelayMS(uint x)" 的作用是软件延时，用于流水灯点亮间隔的控制。将以上源程序导入到 Keil C51 软件的工程后，进行编辑链接生成 HEX 文件，若出现编辑链接错误，则按照输出窗口的提示信息进行修改。

之后回到 Proteus 工程，右键点击 80C51，在弹出的对话框中选择 "编辑属性"，图 5.6 为 80C51 单片机的 "编辑属性" 示意图。然后在出现的编辑元件对话框（图 5.7）中选择 "Problem file" 后的文件图标。找到 Keil C51 软件建立工程生成的 HEX 文件，点击确定后完成源程序的导入。点击 Proteus 左下角的运行图标▶即可以观测到程序运行的现象，运行结果如图 5.8 所示。注意，在 Proteus 中，80C51 单片机的 DIP 40 封装并未给出 40 引脚（V_{CC}）和 20 引脚（GND），Proteus 默认 80C51 单片机的电源（V_{CC} 和 GND）是连接到相应电源的。

这个工程的源程序实现的是 8 个发光 LED 中的一个按照从上至下的顺序被循环点亮。如果想要实现 8 个发光 LED 中的一个按照从下至上的顺序被循环点亮，那么可将源程序中的 "_crol_(P2,1)" 改为 "_cror_(P2,1)"。如果想要更换同时被点亮的发光 LED 的数量，那么可更改初始化语句 "P2=0xfe;" 中等号 "=" 右侧的初始值即可。

✛	移动对象	
	编辑属性	Ctrl+E
✕	删除对象	
↻	顺时针旋转	Num--
↺	逆时针旋转	Num-+
↻	旋转180度	
↔	X轴镜像	Ctrl+M
↕	Y轴镜像	
✂	剪切到剪贴板	
▣	复制到剪贴板	
	跳转至子图	Ctrl+C
	在设计浏览器中显示元件	
	在PCB布版中高亮显示元件	
	在原理图中高亮显示网络	
	在PCB布版中高亮显示网络	

图 5.6　80C51 单片机的"编辑属性"示意图

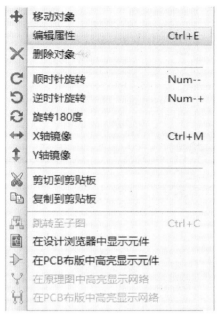

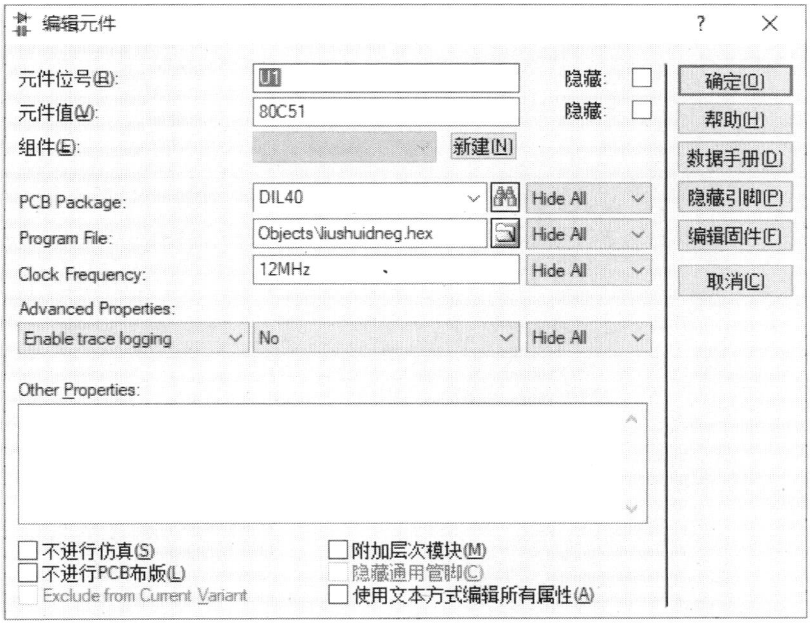

图 5.7　编辑元件对话框

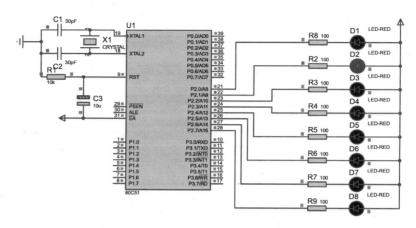

图 5.8　Proteus 的运行结果图

　　另外，本工程是以 P2 口为例进行的展示，对于 P1 口和 P3 口，该工程中只需将相应 Proteus 的连线变为 P1 口或 P3 口、Keil C51 软件工程中的 P2 口语句更换为 P1 口或 P3 口即可。而对于 P0 口，则除了需要更改以上的地方，还需要将 P0 口外接上拉电阻，因为正如前面所述，当 P0 口作为通用 I/O 口时，内部是一个开漏的输出模式，需要外部上拉电阻。当该工程改用 P0 口为输出时，原理图则改为如图 5.9 所示的电路图，这里增加了 8 个阻值为 1 kΩ 的电阻上拉至 V_{CC}。另外，为了节省空间，这 8 个电阻也

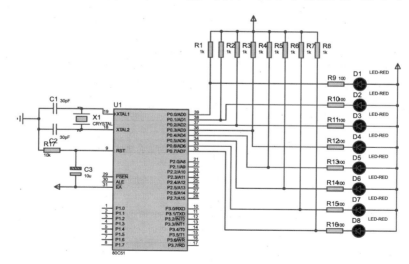

图 5.9　采用独立电阻上拉后的电路图

可以选用组排来代替，组排（resister packs）选择为选择元器件界面：Resistor→ Resistor Packs，在右侧的结果里选择 RESPACKS-8，修改后的电路图如图 5.10 所示。**这里还需要强调的是：在 Proteus 软件中，如果 P0 作为通用 I/O 口时未接上拉电阻，那么仿真时软件也不报错，会按照已连接上拉电阻进行仿真。但在实物开发时，切不可缺少上拉电阻，否则会出现逻辑错误的现象。**

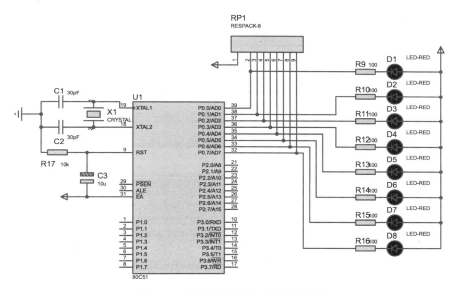

图 5.10　采用组排上拉后的电路图

2．LED 数码管接口

　　LED 数码管是常用来指示系统采集值、系统存储值或运行的结果，是一种半导体发光器件，其基本单元是发光二极管。数码管按段数分为 7 段数码管和 8 段数码管，8 段数码管比 7 段数码管多一个发光二极管单元（多一个小数点显示）。数码管中的 8 个发光管称为段，分别是 a 段、b 段、c 段、d 段、e 段、f 段、g 段和 h 段，其中 h 段（也称 dp）是小数点。8 段数码管的引脚以及内部连接示意图如图 5.11 所示。

　　对于数码管，各段二极管的阴极或阳极连在一起作为公共端（COM），这样可以使驱动电路简单，将阴极连在一起的称为共阴极数码管，若 COM 接低电平，则阳极为高电平的相应段点亮；将阳极连在一起的称为共阳极数码管，若 COM 接高电平，则阴极为低电平的相应段点亮。

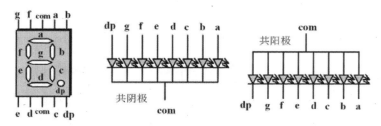

图 5.11　8 段数码管的引脚及内部连接示意图

数码管的封装有单个、两个、三个及四个等形式，图 5.12 为采用晶体管驱动的电路。

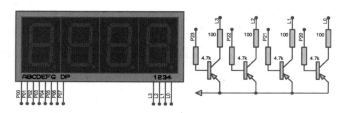

图 5.12　采用晶体管驱动的电路

要显示某字型就要使此字型的相应段点亮，也就是要送一个用不同电平组合的数据编码至数码管，这种送入数码管的数据编码称为字型码。

若数据总线 D7~D0 与 dp、g、f、e、d、c、b、a 顺序相连，则在显示数字"1"时，共阳极数码管应送数据 1111 1001B 至数据总线，即字型码为 F9H；而共阴极数码管应送数据 0000 0110B 至数据总线，即字形码为 06H。常用字符字型码（十六进制表示）如表 5.2 所示。

表 5.2　常用字符字型码（十六进制表示）

字　符	0	1	2	3	4	5	6	7	8	9	A	b	C	d	E	F	P	•	暗
共阴极	3F	06	5B	4F	66	6D	7F	07	7F	6F	77	7C	39	5E	79	71	73	80	00
共阳极	C0	F9	A4	B0	99	92	82	F8	80	90	88	83	C6	A1	86	8E	8C	7F	FF

数码管要正常显示就要用驱动电路来驱动数码管的各个段码，从而显示出待显的字符。因此，根据数码管的驱动方式不同，可以分为静态显示驱动和动态显示驱动两类。

静态显示驱动：静态驱动也称直流驱动，是指数码管的每一个段选线（a~dp）都由一个单片机的 I/O 口进行驱动，或者使用译码锁存器进行驱动。

静态驱动的优点是编程简单、显示亮度高，缺点是占用 I/O 口多。

　　在介绍动态显示驱动之前先来了解一个概念：视觉暂留。人的眼睛有一个重要特性叫视觉惰性，即光像一旦在视网膜上形成，视觉会对这个光像的感觉维持一个有限的时间，这种生理现象叫作视觉暂留性。对于中等亮度的光刺激视觉暂留时间在 0.05~0.2 s 之间。

　　动态显示驱动：数码管动态显示驱动是单片机应用中最为广泛的一种显示方式，动态驱动是将所有数码管的 8 个显示笔划（a~g,dp）的同名端连在一起，另外为每个数码管的公共极 COM 增加位选通控制电路，位选通由各自独立的 I/O 线控制。当单片机输出字形码时，所有数码管都接收到相同的字形码，但究竟是哪个数码管显示出字形，取决于单片机对位选通 COM 端电路的控制，所以我们只需要将需要显示的数码管的位选通打开，该位就显示出字形，位选通没打开的数码管就不会亮。通过分时轮流控制各个数码管的 COM 端，使得各个数码管轮流显示，这就是动态显示驱动原理。

　　在轮流显示过程中，每位数码管的点亮时间为 1~2 ms（1 ms = 0.001 s）。由于人的视觉暂留现象及发光二极管的余辉效应，尽管实际上各位数码管并非同时点亮，但只要单片机扫描的速度足够快，给人的印象就是一组稳定的显示数据，不会有闪烁感。动态显示能够节省大量的 I/O 口，而且功耗更低。有关数码管显示的例子将在后续章节中联合其他应用进行展示。

3. 蜂鸣器接口

　　单片机应用系统使用的蜂鸣器通常是电磁式蜂鸣器。电磁式蜂鸣器有两种：一种是有源蜂鸣器（内部含有音频振荡源），只要接上额定电压就可以连续发声；另一种是无源蜂鸣器，由于内部没有音频振荡源，工作时需要接入音频方波，改变方波频率可以得到不同音调的声音。单片机应用系统采用蜂鸣器发出的不同声音提示操作者系统运行的状况。

　　有源蜂鸣和无源蜂鸣器驱动电路相同，只是驱动程序不同。蜂鸣器外形及采用三极管驱动的电路如图 5.13 所示。

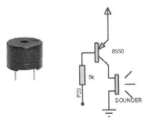

图 5.13　蜂鸣器外形及采用三极管驱动的电路

4. 继电器应用

在单片机应用系统中，继电器的应用是多方面的。首先，继电器通常用于控制高功率负载，例如电机、灯泡和加热器。由于继电器能够提供电气隔离，将单片机的低功率控制电路与高功率负载分离，防止高电流或高电压对单片机造成损害。这种隔离能力使得单片机能够轻松地控制各种需要较大电流或电压的设备。其次，电气隔离是继电器应用的重要特征之一，这种隔离性有助于降低电磁干扰对单片机的影响，提高系统的稳定性和可靠性。单片机通常处于控制系统的中心，而电气隔离通过继电器有效地防止了可能的噪声或电磁干扰传播到单片机的控制电路中。此外，继电器在实现安全性和可靠性方面也发挥关键作用。通过继电器，单片机可以实现对各种外部设备的安全控制，确保在需要时能够迅速切断电源。这对于要求高度安全性的应用场景，例如自动化系统、电力系统和工业控制等领域，尤其重要。

本节展示基于 80C51 单片机和继电器实现对于白炽灯的控制，电路连接及运行效果图如图 5.14 所示。参考源程序为：

```
/*      名称：继电器控制照明设备
        说明：按下 K1 灯点亮，再次按下时灯熄灭 */
#include<reg51.h>
#define  uchar  unsigned  char
#define  uint  unsigned  int
sbit   K1=P1^0;
sbit   RELAY=P2^4;
        //延时
void DelayMS(uint ms)
{
    uchar   t;
    while(ms--)   for(t=0;t<120;t++);
}
        //主程序
void main()
{
    P1=0xff;
    RELAY=1;
    while(1)
    {
        if(K1==0)
        {
            while(K1==0);
            RELAY=~RELAY;
            DelayMS(20);
        }
    }
```

```
        }
```

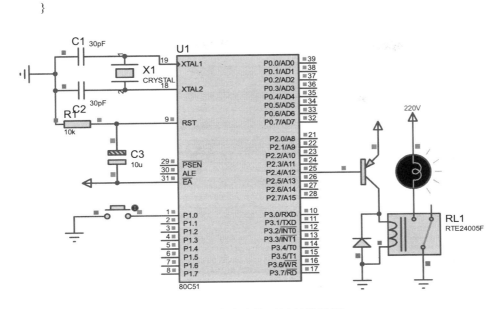

图 5.14　电路连接及运行效果图

5.2.2　I/O 口作为输入举例

按键是最常见的单片机输入设备，可以使用按键向单片机输入各种指令、数据，从而指挥单片机的工作。操作者还可以很方便地利用键盘和显示器与单片机对话，对程序进行修改、编辑，控制和观察单片机的运行。

按照按键结构原理可分为两类，一类是触点式开关按键，如机械式开关，导电橡胶式开关等；另一类是无触点开关按键，如电气式按键、磁感应按键等。在单片机应用系统中，通过按键实现控制功能和数据输入是非常普遍的。在所需按键数量不多时，系统常采用独立式按键。独立式按键是指每个按键单独占有一根 I/O 口线，且其工作状态不会影响其他 I/O 口线的工作状态。这种按键的电路配置灵活，软件结构简单。在按键数量较多时，为了减少 I/O 口的占用，通常将按键排列成矩阵形式。本节以独立按键和矩阵键盘为例，展示单片机 I/O 口的输入功能。

在介绍按键使用前首先介绍一下按键去抖的概念，由于按键是利用机械触点的开、合作用进行工作的，因此按键的按下与抬起一般都会有 5~10 ms 的抖动毛刺存在，其抖动过程如图 5.15 所示。为了获取稳定的按键信息必须去除抖动影响，这也就是按键处理的重要环节。因为如果不进行去抖的操作，那么对于高速运行的单片机而言，存在抖动的一次按下会被认为是多次按下，会带来错误的结果。对于独立按键和矩阵键盘都涉及按键去抖的问题。

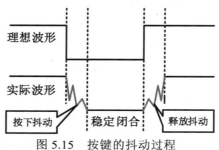

图 5.15   按键的抖动过程

去抖的方法有硬件和软件两种，硬件去抖的电路如图 5.16 所示，这是一个典型的 RS 触发器的应用。由于硬件去抖需要额外的硬件，因此软件去抖的方法更为常见。所谓软件去抖是利用软件延时的方法，即在检测到有按键按下时，执行一个延时程序后再次进行确认该按键电平是否保持按键闭合状态时的电平。如果保持按键闭合状态时的电平，那么可以确定为真正的按键按下的状态。虽然此法耗费时间，但对于那些对实时性要求不是很高的系统，这不失为一种好的方法。

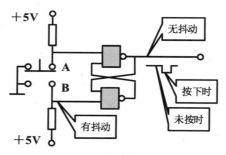

图 5.16   硬件去抖的电路

1．独立按键

这里我们以一个独立按键控制一个发光 LED 为例，展示 80C51 单片机的 I/O 口输入功能，电路如 5.17 所示。初始时，发光 LED 为灭的状态，按下一次按键后发光 LED 点亮，再次按下按键时发光 LED 灭，如此反复。程序中包含了软件延时去抖。

这里独立按键被按下时，P1.0 引脚获得的信号为"0"电平，而松开后

为 "1" 电平，单片机则根据 P1.0 引脚的输入信息决定发光 LED 的亮与灭。

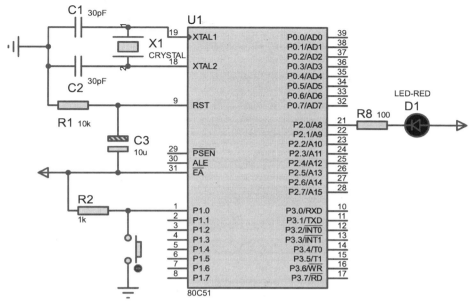

图 5.17　独立按键控制一个发光 LED 的电路

参考程序为：

```
#include <reg51.h>
// 定义 IO 口
sbit KEY = P1^0;    // 按键连接到 P1 口的第 0 位
sbit LED = P2^0;    // LED 连接到 P2 口的第 0 位
// 函数声明
void delay (unsigned int ms);
void main ()
{
    bit keyState = 0;//记录按键状态，0 表示未按下，1 表示按下
    while (1)
      {
        if (KEY == 0 && keyState == 0)    // 检测按键状态
          { // 按键按下时
                delay(20);  //延时，调整延时时间以适应实际情况
                if (KEY == 0) // 再次确认按键状态
                    {// 按键保持闭合状态，确定为真正按键按下状态
                    LED =~LED; // 切换 LED 状态
                    keyState = 1;  // 更新按键状态
                    }
```

```
        } else if (KEY == 1)
           { // 按键未按下时
            keyState = 0;   // 重置按键状态
             }
        }
    }
// 软件延时函数
void delay (unsigned int ms)
  {
    unsigned int i, j;
    for (i = 0; i < ms; i++)
        for (j = 0; j < 110; j++);
  }
```

2．矩阵键盘

当单片机应用系统的按键数量较多时，均采用独立按键的方式会占用较多的 I/O 口，会限制单片机与其他硬件的连接。矩阵键盘是将多个按键排列成矩阵的形式，通过行和列的交叉点来确定按键的输入状态。它具有节省 I/O 口的优点，但缺点是为了避免按键冲突需要有较复杂的算法，这将增加相应的时间。常用的矩阵键盘扫描算法为逐行扫描法和线反转法，这里我们重点介绍逐行扫描法，图 5.18 为典型的 4×4 矩阵键盘接口电路。

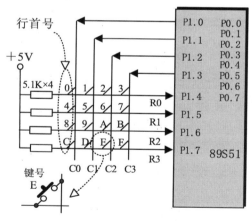

图 5.18　典型的 4×4 矩阵键盘接口电路

矩阵键盘的行线通过电阻接 +5 V（当口线内有上拉电阻时，可以不外接）。当键盘没有按键闭合时，所有的行线与列线是断开的，行线均呈高电平；当键盘上某一按键闭合时，该按键对应的行线与列线短接，此时该行线的状态将由被短接的列线的低电平所决定。矩阵键盘的按键识别过程要完成以下 3 项工作：

- 判断有无按键被按下。将列线设置为输出口，输出全 0（所有列线为低电平），然后读行线的状态，若行线均为高电平，则没有按键被按下；若行线状态不全为高电平，则可断定有按键被按下。
- 判断按下哪个按键。先置列线 CO 为低电平，其余列线为高电平，读行线的状态，若行线状态不全为 1，则说明所按的按键在该列；否则所按的按键不在该列。再使 C1 列线为低电平，其他列为高电平，判断 C1 列有无按键被按下。其余类推，这样就可以找到所按的按键的行列位置。
- 获得相应键号。根据行号和列号算出按下的按键的键号

键号=行首号＋列号

行首号为行数乘以行号。根据键号就可以进入相应的按键功能实现程序。图 5.19 为一个 4×4 矩阵键盘电路应用示例图。当按下 0~F 的任意按键时，数码管会显示相应的键值。

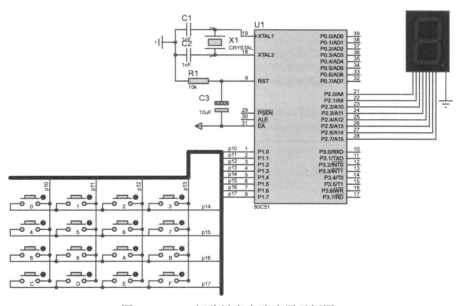

图 5.19　4×4 矩阵键盘电路应用示例图

参考程序为：

```
#include <reg51.h>
#define uchar unsigned char
```

```
#define uint    unsigned int
ucharcode SegCode [] = {0xC0,0xf9,0xa4,0xb0,0x99,0x92,0x82,0xf8,0x80,0x90,
                        0x88,0x83,0xc6,0xa1,0x86,0x8e,0xbf};
uchar code ColumnCode [] ={0xfe,0xfd,0xfb,0xf7};
        // 软件延时函数
void DelayMs(unsigned int ms)
  {
     unsigned int i, j;
     for (i = 0; i < ms; i++)
         for (j = 0; j < 110; j++);
  }
        //按键扫描
uchar   KeyScan ()
  {
    Uchar   temp, row,   column,   i;
     P1=0xf0;
     temp=P1&0xf0;
     if(temp!=0xf0)
        {
           DelayMs(10);
           temp=P1&0xf0;
           if(temp!=0xf0)
              {
           switch(temp)
              {
              case   0x70:row=3;break;
              case   0xb0:row=2;break;
              case   0xd0:row=1;break;
              case   0xe0:row=0;break;
              default:break;
              }
     for(i=0;i<4;i++)
        {
           P1=ColumnCode[i];
           temp=P1&0xf0;
           temp=~temp;
           if(temp!=0x0f) column=i;
        }
           return(row*4+column);
        }
     }
     else P1=0xff;
        return(16);
  }
     //主函数
void main ()
{
  uchar KeyNum;
```

```
    P2=0x40;
    while(1)
    {
      KeyNum=KeyScan();
      if(KeyNum<16)
      {
        P2=~SegCode[KeyNum];
      }
    else P2=0x40;
    }
}
```

第 6 章　80C51 单片机的中断系统

中断系统在单片机应用中起着十分重要的作用。一个功能强大的中断系统能大大提高单片机处理随机事件的能力，提高效率和增强系统的实时性。本章首先简要介绍中断的基本概念，接着介绍 80C51 单片机中断系统的结构，然后介绍 80C51 单片机的中断源和 80C51 单片机中断的控制方法，阐述中断处理过程，最后给出中断应用实例。

6.1　80C51 单片机的中断系统的结构概述

6.1.1　中断概述

什么是中断？CPU 在处理某一事件 A 时，发生了另一事件 B，请求 CPU 迅速去处理（中断发生）；CPU 暂时中断当前的工作，转去处理事件 B（中断响应和中断服务）；待 CPU 将事件 B 处理完毕后，再回到原来事件 A 被中断的地方继续处理事件 A（中断返回），这一处理过程称为中断。

引起 CPU 中断的根源称为中断源。中断源向 CPU 提出的处理请求称为中断请求或中断申请。CPU 暂时中断原来的事务 A，转去处理事件 B 的过程，称为 CPU 的中断响应过程。对事件 B 的整个处理过程称为中断服务（或中断处理）。处理完毕后，再回到原来被中断的地方（即断点），称为中断返回。实现上述中断功能的部件称为中断系统（中断机构）。

随着计算机技术的应用，人们发现中断技术不仅解决了快速主机与慢速 I/O 设备的数据传送问题，而且还具有如下优点：

- 分时操作：CPU 可以分时为多个 I/O 设备服务，提高了计算机的利用率。
- 实时响应：CPU 能够及时处理应用系统的随机事件，从而使系统的实时性大大增强。
- 可靠性高：CPU 具有处理设备故障及掉电等突发性事件的能力，从而使系统可靠性提高。

6.1.2　80C51 单片机中断系统的结构

80C51 单片机的中断系统有 5 个中断源（80C52 单片机有 6 个中断源，增加了一个计数/定时器 T2）、2 个优先级，可实现二级中断服务嵌套。由片内特殊功能寄存器中的中断允许寄存器 IE 控制 CPU 是否响应中断请求，由中断优先级寄存器 IP 安排各中断源的优先级。当同一优先级内各中断同时提出中断请求时，由内部的查询逻辑确定其响应次序。80C51 单片机的中断系统由中断请求标志位（在相关的特殊功能寄存器中）、中断允许寄存器 IE、中断优先级寄存器 IP 及内部硬件查询电路组成，如图 6.1 所示，该图中反映出了 80C51 单片机中断系统的功能和控制情况。

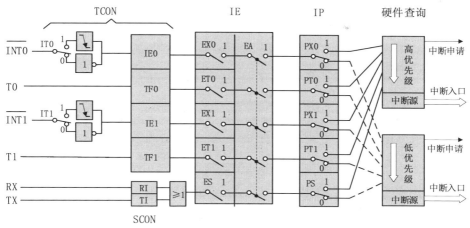

图 6.1　80C51 单片机的中断系统结构图

6.2　80C51 单片机的中断源

6.2.1　中断源

80C51 单片机的 5 个中断源为：

(1)$\overline{INT0}$，外部中断 0。可由 IT0 选择其有效方式。当 CPU 检测到 P3.2/$\overline{INT0}$引脚上出现有效的中断信号时，中断标志 IE0 置 1，向 CPU 申请中断。

(2)$\overline{INT1}$，外部中断 1。可由 IT1 选择其有效方式。当 CPU 检测到 P3.3/$\overline{INT1}$引脚上出现有效的中断信号时，中断标志 IE1 置 1，向 CPU 申请中断。

(3)TF0，片内计数/定时器 T0 溢出中断。当计数/定时器 T0 发生溢出时，置位 TF0，并向 CPU 申请中断。

(4)TF1，片内计数/定时器 T1 溢出中断。当计数/定时器 T1 发生溢出时，置位 TF1，并向 CPU 申请中断。

(5)RI 或 TI，串行口中断。当串行口接收完一帧串行数据时，置位 RI；或当串行口发送完一帧串行数据时，置位 TI，向 CPU 申请中断。

6.2.2　中断请求标志

在中断系统中，应用哪种中断，采用哪种触发方式，要由计数/定时器的控制寄存器 TCON 和串行口控制寄存器 SCON 的相应位进行规定。

TCON 和 SCON 都属于特殊功能寄存器，字节地址分别为 88H 和 98H，可以进行位寻址。

1. TCON 的触发方式设置和中断标志

TCON 是计数/定时器控制寄存器，它锁存两个计数/定时器的溢出中断标志及外部中断 $\overline{INT0}$ 和 $\overline{INT1}$ 的中断标志，与中断有关的各位定义如下：

位地址	8FH	8EH	8DH	8CH	8BH	8AH	89H	88H
TCON	TF1	TR1	TF0	TR0	IE1	IT1	IE0	IT0

IT0：$\overline{INT0}$ 触发方式控制位。

当 IT0=0 时，$\overline{INT0}$ 为电平触发方式。CPU 在每个机器周期的 S5P2 采样 $\overline{INT0}$ 引脚电平，当采样到低电平时，置 IE0=1 表示 $\overline{INT0}$ 向 CPU 请求中断；当采样到高电平时，将 IE0 清零，表示没有 $\overline{INT0}$ 请求。

注意：在电平触发方式下，IE0 的状态完全由 $\overline{INT0}$ 引脚状态决定，响应中断时并不能自动清除 IE0 标志。

当 IT0=1 时，$\overline{INT0}$ 为边沿触发方式（下降沿有效）。CPU 在每个机器周期的 S5P2 采样 $\overline{INT0}$ 引脚电平，若在连续的两个机器周期检测到 $\overline{INT0}$ 引脚由高电平变为低电平，即第一个周期采样到 $\overline{INT0}$ =1，第二个周期采样到 $\overline{INT0}$ =0，则置 IE0=1，产生中断请求。

注意：在边沿触发方式下，当 CPU 响应中断时，硬件会自动清除 IE0 标志。

在电平触发方式下，外部中断源的有效低电平必须保持到请求获得响应时为止，不然就会漏掉；在中断服务结束之前，中断源的有效的低电平必须撤除，否则中断返回之后将再次产生中断。该方式适用于外部中断输入为低电平，且在中断服务程序中能清除外部中断请求源的情况。例如，并行接口芯片 8255 的中断请求线在接受读或写操作后即被复位，因此，以其去请求电平触发方式的中断比较方便。

在边沿触发方式下，在相继两次采样中，先采样到外部中断输入为高电平，下一个周期采样到为低电平，则在 IE0 或 IE1 中将锁存一个逻辑 1。若 CPU 暂时不能响应，中断申请标志也不会丢失，直到 CPU 响应此中断时才清零。另外，为了保证下降沿能够被可靠地采样到，$\overline{INT0}$ 和 $\overline{INT1}$ 引脚上的负脉冲宽度至少要保持一个机器周期（当晶振频率为 12 MHz 时，机器周期为 1 μs）。边沿触发方式适合于以负脉冲形式输入的外部中断请求，如 ADC0809 的转换结束标志信号 EOC 为正脉冲，经反相后就可以作为 80C51 单片机的 $\overline{INT0}$ 中断或 $\overline{INT1}$ 中断输入。

IE0：$\overline{INT0}$ 中断请求标志位。当 IE0=1 时，表示有 $\overline{INT0}$ 中断申请。

IT1：$\overline{INT1}$触发方式设置位。其功能与 IT0 类同。

IE1：$\overline{INT1}$中断请求标志位。当 IE1=1 时，表示有$\overline{INT1}$中断申请。

TF0：T0 溢出中断请求标志位。T0 启动后就开始由初值加 1 计数，直至最高位产生溢出使 TF0 置位向 CPU 请求中断。当 CPU 响应中断时，TF0 会自动清 0。

TF1：T1 溢出中断请求标志位。其作用与 TF0 类同。

2．SCON 的中断标志

SCON 是串行口控制寄存器，与中断有关的是其最低两位，即 TI 和 RI，如下：

位地址	9FH	9EH	9DH	9CH	9BH	9AH	99H	98H
SCON	SM0	SM1	SM2	REN	TB8	RB8	TI	RI

RI：串口接收中断标志位。允许在串行口接收数据时，每接收完一帧，由硬件置位 RI。

TI：串口发送中断标志位。当 CPU 将一个发送数据写入串行口发送缓冲器时，就启动了发送过程。每发送完一帧，由硬件置位 TI。

其他信息位的含义参见第 8 章。

注意：当 CPU 相应中断时，不能自动清除 RI 或 TI，必须由软件清除。

单片机复位后，TCON 和 SCON 各位清 0。另外，所有能产生中断的标志位均可由软件置 1 或清 0，由此可以获得与硬件使之置 1 或清 0 同样的效果。

6.3　80C51 单片机的中断控制

6.3.1　中断允许控制

CPU 对中断系统的所有中断以及某个中断源的开放和屏蔽是由中断允许寄存器 IE 控制的。IE 的状态可通过程序设定。若某位设定为 1，则相应的中断源中断允许；若某位设定为 0，则相应的中断源中断屏蔽。当 CPU 复位时，IE 各位清 0，禁止所有中断。IE 寄存器的字节地址为 A8H，可以进行位寻址，各位的定义如下：

位地址	AFH	AEH	ADH	ACH	ABH	AAH	A9H	A8H
IE	EA		ET2	ES	ET1	EX1	ET0	EX0

EX0：外部中断$\overline{INT0}$中断允许位。

ET0：计数/定时器 T0 中断允许位。

EX1：外部中断$\overline{INT1}$中断允许位。

ET1：计数/定时器 T1 中断允许位。

ES：串行口中断允许位。

ET2：计数/定时器 T2 中断允许位，增强型芯片，如 AT89C52，具有此位。

EA：CPU 中断允许（总允许）位。

6.3.2 中断优先级控制

80C51 单片机有两个中断优先级，即可实现二级中断服务嵌套。每个中断源的中断优先级都是由中断优先级寄存器 IP 中的相应位的状态来规定的。IP 的状态由软件设定，若某位设定为 1，则相应的中断源为高优先级中断；若某位设定为 0，则相应的中断源为低优先级中新。当单片机复位时，IP 各位清 0，各中断源同为低优先级中断。IP 寄存器的字节地址为 B8H，可以进行位寻址，各位的定义如下：

位地址	BFH	BEH	BDH	BCH	BBH	BAH	B9H	B8H
IP			PT2	PS	PT1	PX1	PT0	PX0

PX0：外部中断 $\overline{INT0}$ 优先级设定位。

PT0：计数/定时器 T0 优先级设定位。

PX1：外部中断 $\overline{INT1}$ 优先级设定位。

PT1：计数/定时器 T1 优先级设定位。

PS：串行口优先级设定位。

PT2：计数/定时器 T2 优先级设定位，增强型芯片，如 AT89C52，具有此位。

当同一优先级中的中断申请不止一个时，则有中断优先权排队问题。同一优先级的中断优先权排队由中断系统硬件确定的自然优先级形成，各中断源响应优先级及中断服务程序入口如表 6.1 所示。

表 6.1 各中断源响应优先级及中断服务程序入口

中断源	中断标志	中断服务程序入口	优先级顺序
$\overline{INT0}$	IE0	0003H	高
T0	TF0	000BH	↓
$\overline{INT1}$	IE1	0013H	↓
T1	TF1	001BH	↓
串行口	RI 或 TI	0023H	↓
T2	TF2	002BH	低

80C51 单片机的中断优先级有 3 条原则：

- 当几个中断同时申请时，首先响应优先级别最高的中断请求；

- 正在进行的中断过程不能被新的同级或低优先级的中断请求所中断；
- 正在进行的低优先级中断服务，能被高优先级中断请求所中断。

为此，中断系统内设有对应高、低两个优先级的状态触发器。高优先级状态触发器置 1，表示正在服务高优先级的中断，它将阻断后来所有的中断请求；低优先级状态触发器置 1，表示正在服务低优先级的中断，它将阻断后来所有的低优先级的中断请求。

6.4　80C51 单片机的中断处理过程

6.4.1　中断响应条件

CPU 响应中断必须同时满足 3 个条件：

- 中断源有中断请求；
- 相应的中断允许位为 1；
- CPU 开中断（即 EA=1）。

在 CPU 执行程序过程中，在每个机器周期的 S5P2 期间，中断系统对各个中断源进行采样。这些采样值在下一个机器周期内按优先级和内部顺序被依次查询。如果某个中断标志在上一个机器周期的 S5P2 时被置成了 1，并于当前的排序选择周期被选中，接着 CPU 便执行一条由中断系统提供的硬件 LCALL 指令，转向被称作中断向量的特定地址单元，进入相应的中断服务程序。

若遇到下列任何一个条件，则中断响应将受阻：

- CPU 正在处理同级或高优先级中断；
- 当前查询的机器周期不是所执行指令的最后一个机器周期，即在完成所执行指令前，不会响应中断，从而保证指令在执行过程中不被打断；
- 正在执行的指令为 RETI 或任何访问 IE 或 IP 寄存器的指令（防止中断处理机制失控），即只有在这些指令后面至少再执行一条指令时才能接受中断请求。

若由于上述条件的阻碍中断未能得到响应，当条件消失时该中断标志却已不再有效，那么该中断将不被响应。就是说中断标志曾经有效，但未获得响应，查询过程在下个机器周期将重新进行。

6.4.2　中断响应时间

图 6.2 为某中断的响应时序。

从中断源提出中断申请，到 CPU 响应中断，需要经历一定的时间。若在 M1 周期的 S5P2 前某中断生效，在 S5P2 期间，其中断请求被锁存到相应的标志位中去，下一个机器周期 M2 又是该指令的最后一个机器周期（且该指令不是 RETI 或访问 IE、IP 的指令）。于是，后面两个机器周期 M3 和 M4 便可以执行硬件 LCALL 指令，M5 周期将进入中断服务程序。

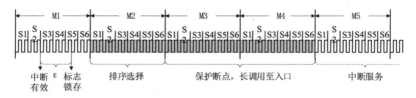

图 6.2　某中断的响应时序

可见，对各中断标志进行排序选择需要 1 个机器周期，如果响应条件具备，CPU 执行硬件长调用指令要占用 2 个机器周期，因此中断响应至少要 3 个完整的机器周期。

另外，如果中断响应过程受阻，就要增加等待时间。若同级或高级中断正在进行，所需要的附加等待时间取决于正在执行的中断服务程序的长短，等待的时间不确定；若没有同级或高级中断正在进行，则所需要的附加等待时间最多为 5 个机器周期。这是因为：

- 如果查询周期不是正在执行的指令的最后的机器周期，附加等待时间不会超 3 个机器周期（因执行时间最长的指令 MUL 和 DIV 也只有 4 个机器周期）；
- 如果查询周期恰逢 RET、RETI 或访问 IE、IP 指令，而这类指令之后又跟着 MUL 或 DIV 指令，那么由此引起的附加等待时间不会超过 5 个机器周期（1 个机器周期完成正在进行的指令，再加上 MUL 或 DIV 的 4 个机器周期）。

结论：对于没有嵌套的单级中断，响应时间为 3~8 个机器周期。

6.4.3　中断响应过程

CPU 响应中断的过程如下：

- 将相应的优先级状态触发器置 1（以阻断后来的同级或低级的中断请求）；
- 执行一条硬件 LCALL 指令（PC 入栈保护断点，再将相应的中断服务程序入口地址送回 PC）；
- 执行中断服务程序。

中断响应过程的前两步是由中断系统内部自动完成的，而中断服务程序则要由用户编写程序来完成。

6.4.4　中断返回

汇编语言编写中断服务程序的最后一条指令必须是中断返回指令 RETI。RETI 指能使 CPU 结束中断服务程序的执行，返回到曾经被中断的程序处，继续执行主程序。RETI 指令的具体功能是：

- 将中断响应时压入堆栈保存的断点地址从栈顶弹出送回 PC，CPU 从原来中断的地方继续执行程序；
- 将相应的中断优先级状态触发器清 0，恢复原来的工作状态。

注意：不能用 RET 指令代替 RETI 指令，利用 C51 语言编写中断服务程序编辑器会将汇编语言 RETI 的功能自动加入。

6.5　中断程序举例

6.5.1　计数器设计

利用 80C51 单片机的 $\overline{INT0}$ 中断实现按键按下计数功能。每次按下计数键时触发 $\overline{INT0}$ 中断，中断程序累加计数，计数值显示在 2 只数码管上，按下清零键时数码管清零，2 只数码管的显示方式为动态扫描显示，图 6.3 为 $\overline{INT0}$ 中断应用电路，图 6.4 为 $\overline{INT0}$ 中断应用电路运行图。

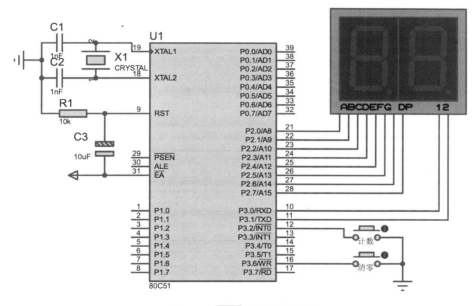

图 6.3　$\overline{INT0}$ 中断应用电路

参考源程序为：

/*　名称：$\overline{INT0}$ 中断计数

说明：每次按下计数键时触发 $\overline{INT0}$ 中断，中断程序累加计数，计数值显示在 2

只数码管上，2 只数码管采用动态显示，按下清零键时数码管清零 */

```c
#include<reg51.h>
#define uchar unsigned char
#define uint unsigned int
    //0~9 的段码，采用共阴极数码管
uchar code DSY_CODE[]={0x3f,0x06,0x5b,0x4f,0x66,0x6d,0x7d,0x07,
                       0x7f,0x6f,0x00};
    //计数值分解后各个待显示的数位
uchar DSY_Buffer[]={0,0};
uchar Count=0;
sbit Clear_Key=P3^6; //清零按键
sbit LED1=P3^0;      //数码管 1 的位选
sbit LED2=P3^1;      //数码管 1 的位选
    //延时
void DelayMS(uint x)
{
    uchar i;
    while(x--)
    {
        for(i=0;i<120;i++);
    }
}
    //数码管上显示计数值
void Show_Count_ON_DSY ()
{
    DSY_Buffer[1]=Count/10;    //获取十位的数值
    DSY_Buffer[0]=Count%10;    //获取十位的数值
    if(DSY_Buffer[1]==0)       //高位为 0 时不显示
    {
        DSY_Buffer[1]=0x0a;
    }
    P2=DSY_CODE[DSY_Buffer[1]]; //输出十位的数值段码
    LED1=0;                     //显示十位数值数码管开显示
    DelayMS(10);                //点亮一段时间
    LED1=1;                     //关十位数值数码管开显示
    P2=DSY_CODE[DSY_Buffer[0]]; //输出个位的数值段码
    LED2=0;                     //显示个位数值数码管开显示
    DelayMS(10);                //点亮一段时间
    LED2=1;                     //关个位数值数码管开显示
}
    //主程序
void main()
{
    LED1=1;
    LED2=1;
    P2=0x00;
```

```
    IE=0x81;  //允许 INT0 中断
    IT0=1;            //下降沿触发
    while(1)
    {
        if(Clear_Key==0) Count=0;//清零
        Show_Count_ON_DSY();
    }
}
    //INT0 中断函数
void EX_INT0() interrupt 0
{
    Count++;  //计数值递增
}
```

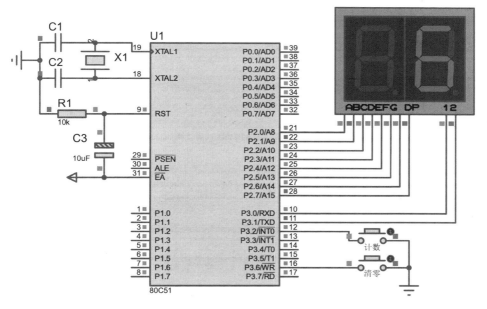

图 6.4　$\overline{\text{INT0}}$ 中断应用电路运行图

6.5.2　按键控制步进电机设计

步进电机是将电脉冲信号转变为角位移或线位移的开环控制元件。步进电机按其励磁方式分类，可分为反应式、感应子式和永磁式。其中，反应式比较普遍，结构也比较简单，所以在工程上应用较多。步进电机的结构图及实物图分别如图 6.5 和图 6.6 所示。

在非超载的情况下，电机的转速、停止的位置只取决于脉冲信号的频率和脉冲数，而不受负载变化的影响，即给电机加一个脉冲信号，则电机转过一个步距角。由于这一线性关系的存在，加上步进电机只有周期性的误差而无累积误差等特点，使得在速度、位置等控制领域用步进电机来控制变得非常简单。

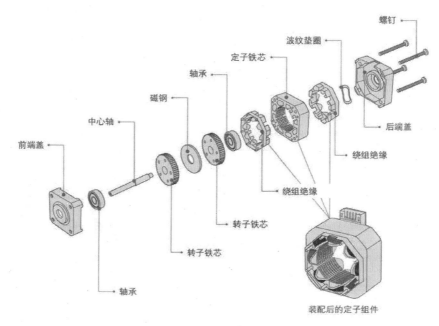

图 6.5　步进电机的结构图

图 6.6　步进电机的实物图

1．步进电机的控制原理

三相反应式步进电机的工作原理如图 6.7 所示。

如图 6.7 所示，当 A 相通电，B、C 相不通电时，由于磁场作用，齿 1 与 A 对齐（转子不受任何力，以下均同）。

当 B 相通电，A、C 相不通电时，齿 2 应与 B 对齐，此时转子向逆时针方向移过 $1/6\pi$，齿 3 与 C 偏移为 $1/6\pi$，齿 4 与 A 偏移 $2/3\pi$。

如果不断地按 A、B、C、A……通电，那么电机就每步（每脉冲）偏移 $1/6\pi$ 向逆时针方向旋转。如果按 A、C、B、A……通电，那么电机就向顺时针方向旋转。

步进电机的定子绕组每改变一次通电状态就叫一"拍"，定子绕组的通电状态循环改变一次所包含的状态数称"拍数（N）"，上例为 $N=3$。转子的齿数用 Z_r 表示，转子的齿与齿之间的角度称为"齿距角（θ_t）"，转子每"一步"转过的角度称为"步距角（θ_b）"。所以

$$\theta_b = 360° \div Z_r ; \quad \theta_t = 360° \div (Z_r \cdot N)$$

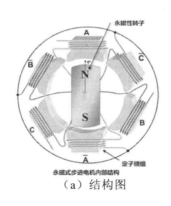

（a）结构图

（b）工作过程图

图 6.7　三相反应式步进电机的工作原理

三相步进电机的通电方式有 3 种，如图 6.8 所示。

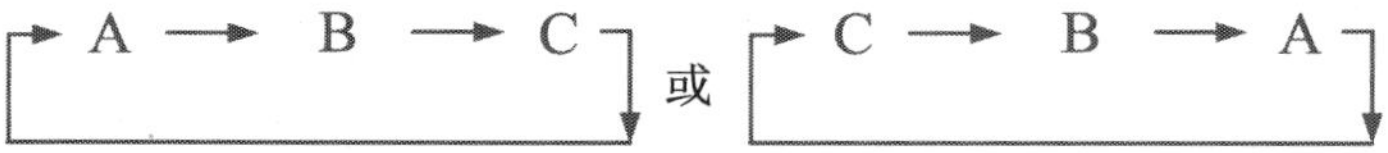

（a）三相单三拍

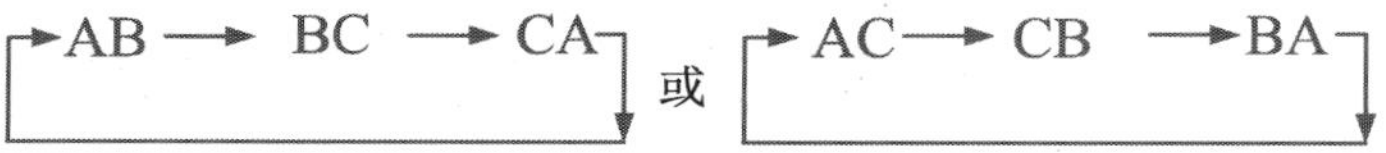

（b）三相双三拍

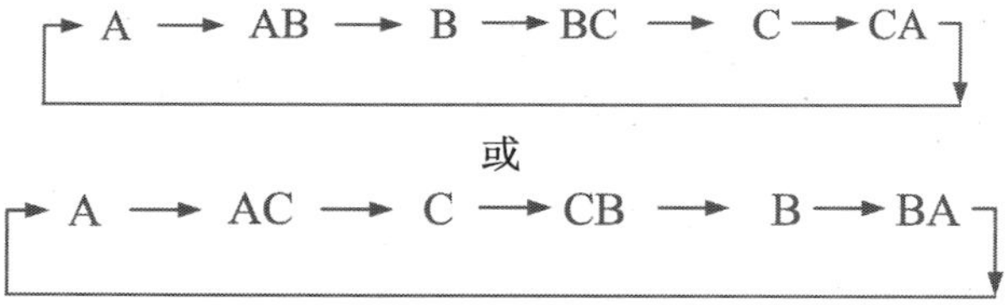

或

（c）三相六拍

图 6.8　三相步进电机的通电方式

由此可见，电机的位置和速度通过导电次数（脉冲数）与频率成——对应关系，而方向由导电顺序决定。

2．转速问题

步进电机的转速与供电电压关系不大，只与各相绕组的通电和断电的频率有关，这里频率 f 的大小就是在 1 s 内驱动步进电机所使用的拍数，各相绕组上的频率记为相频，用 $f_{相}$ 表示，所以

$$f = N \times f_{相}$$

由此，可以计算出步进电机的转速 n，单位为（r/min）

$$n = (60 \times f)/(Z_r \cdot N)$$

步进电机一旦出厂，Z_r 的值（即转子的齿数）就已经固定了。若在相同的通电方式下（即 N 值固定），则步进电机的转速 n 与脉冲频率 f 成正比，即 f 越高，n 越高。

3．基于 80C51 单片机的步进电机驱动

基于 80C51 单片机的步进电机驱动电路如图 6.9 所示。这里 74LS47 芯片是一块 BCD 码转换成 7 段 LED 数码管的译码驱动集成电路，74LS47 的主要功能是输出低电平驱动的显示码，用以推动共阳极 7 段 LED 数码管显示相应的数字。

ULN2003 是高耐压、大电流复合晶体管阵列，由 7 个硅 NPN 复合晶体管组成，每一对达林顿都串联一个 2.7 kΩ 的基极电阻，在 5 V 的工作电压下它能与 TTL 和 CMOS 电路直接相连，通常用于驱动电感、继电器、步进电机等高电压和高电流负载。

　　该电路包含 4 个独立按键，其中"启动/停止"键用于对步进电机的启动控制；"方向"键用于对步进电机的正转和反转控制；"K1"键用于速度 1 档的设置；"K2"键用于速度 2 档的设置；1 位共阳极数码管用于指示当前速度为 1 档或为 2 档。通过程序设计实现对控制二相步进电机采用二相四拍的方式旋转，参考源程序如下。在参考源程序中，"启动/停止"键连接 $\overline{INT0}$ 中断输入，"方向"键连接 $\overline{INT1}$ 中断输入。图 6.10 为步进电机按照程序设定 2 档速度、正转时的运行图。

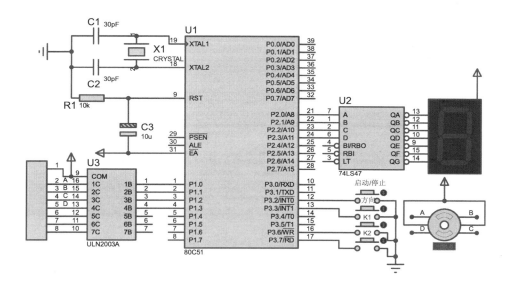

图 6.9　基于 80C51 单片机的步进电机驱动电路

参考源程序为：

```c
#include <reg51.h>
#define SPEED_1_DELAY 50      // 速度 1 延时值
#define SPEED_2_DELAY 20      // 速度 2 延时值
sbit motorPin1 = P1^0;        // 步进电机引脚 1
sbit motorPin2 = P1^1;        // 步进电机引脚 2
sbit motorPin3 = P1^2;        // 步进电机引脚 3
sbit motorPin4 = P1^3;        // 步进电机引脚 4
sbit startStopButton = P3^2;  // 启动/停止按键
sbit directionButton = P3^3;  // 正转/反转按键
sbit speed1Button = P3^6;     // 速度 1 按键
sbit speed2Button = P3^7;     // 速度 2 按键
```

```
unsigned char motorRunning = 0; // 标志电机是否正在运行
unsigned char clockwise = 1;        // 标志电机旋转方向，默认为顺时针
unsigned int speedDelay = SPEED_1_DELAY; // 延时时间，初始设为速度 1 延时
值
    //延时函数 1
void delay(unsigned int time)
{
    unsigned int i, j;
    for (i = 0; i < time; i++)
        for (j = 0; j < 1000; j++);
}
    //延时函数 2
void delayMs(unsigned int t)
{
    unsigned int i, j;
    for(i = 0; i < t; i++)
        for(j = 0; j < 125; j++);
}
    //步进电机正、反转函数
void motorStep()
{
    if (clockwise) //正转
    {
        motorPin1 = 1;
        delay(speedDelay);
        motorPin1 = 0;
        motorPin2 = 1;
        delay(speedDelay);
        motorPin2 = 0;
        motorPin3 = 1;
        delay(speedDelay);
        motorPin3 = 0;
        motorPin4 = 1;
        delay(speedDelay);
        motorPin4 = 0;
    }
    else       //反转
    {
        motorPin4 = 1;
        delay(speedDelay);
        motorPin4 = 0;
        motorPin3 = 1;
        delay(speedDelay);
        motorPin3 = 0;
        motorPin2 = 1;
        delay(speedDelay);
        motorPin2 = 0;
        motorPin1 = 1;
```

```
            delay(speedDelay);
            motorPin1 = 0;
        }
}
      // 主函数
void main()
{
      while (1)
      {
            if (startStopButton == 0) // K1 按下
            {
                  delayMs(10);
                  if (startStopButton == 0)
                  {                                //去抖
                        while (startStopButton == 0); // 等待松开按键
                        if (!motorRunning) // 如果电机未启动
                              {
                                    motorRunning = 1; // 设置电机状态为运行
                                    clockwise = 1;   // 设置电机旋转方向为顺时针
                              }
                        else { // 如果电机正在运行
                                    motorRunning = 0; // 设置电机状态为停止
                              }
                  }
            }
            if (directionButton == 0) // K2 按下
            {
                  delayMs(10);
                  if (directionButton == 0)
                  {
                        while (directionButton == 0); // 等待松开按键
                        clockwise = !clockwise; // 改变电机旋转方向
                  }
            }
            if (speed1Button == 0) // K3 按下
            {
                  delayMs(10);
                  if (speed1Button == 0)
                  {
                        while (speed1Button == 0); // 等待松开按键
                        speedDelay = SPEED_1_DELAY; // 设置速度为速度 1
                           P2=1;
                  }
            }
            if (speed2Button == 0) // K4 按下
            {
                  delayMs(10);
```

```
            if (speed2Button == 0)
            {
                while (speed2Button == 0); // 等待松开按键
                speedDelay = SPEED_2_DELAY; // 设置速度为速度 2
                P2=2;
            }
        }
    if (motorRunning)
        {
            motorStep(); // 控制电机运行
        }
    }
}
```

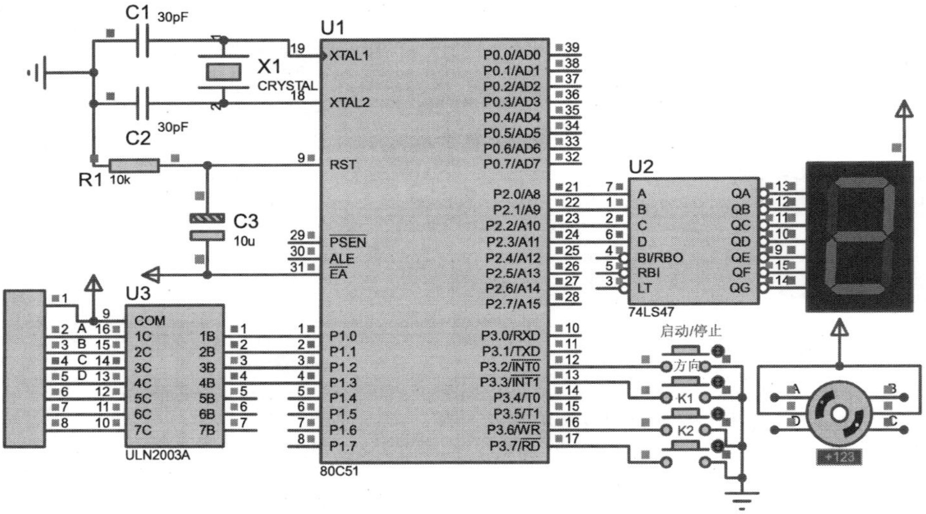

图 6.10　步进电机按照程序设定 2 档速度、正转时的运行图

6.6　习　　题

1. 80C51 单片机有几个中断源，各中断标志是如何产生的，又是如何清零的？

2. 简述单片机的中断处理过程。

3. 简述 80C51 单片机不能响应中断的几种情况？

4. CPU 相响应中断时，它的中断矢量地址分别是多少？

5. 简述 IP、IE、SCON 和 TCON 在中断系统中的作用。

6. 简述中断初始化应包括的几个方面。

7. 80C51 单片机的中断系统中有几个优先级，如何设定优先顺序？

8. 请写出 $\overline{INT0}$ 为下降沿触发方式的中断初始化程序？

9. 当中断优先级寄存器的内容为 09H 时，其含义是什么？

10. 简述步进电机的控制原理。

11. 步进电机的通电方式有哪几种？

12. 编写一个程序控制四相电机转动，速度不做要求，但要能控制转动方向。

第 7 章　80C51 单片机的计数/定时器

80C51 单片机内部共有两个 16 位可编程计数/定时器：计数/定时器 0 和计数/定时器 1（80C52 单片机比 80C51 单片机多一个计数/定时器 2）。在80C51 单片机中，定时计数器的定时功能和计数功能是由同一种硬件完成的。它们的区别在于计数器的计数脉冲来源于单片机的外部脉冲，而定时器的脉冲来源于单片机的内部（它的脉冲频率取决于单片机的晶振频率）。此外，计数/定时器 1 还可以作为串行口的波特率发生器。

本章主要介绍计数/定时器的工作原理和工作方式、TMOD 和 TCON 的设置方法、初始化以及在 Keil C 中编写单片机定时中断函数的方法等。

7.1　计数/定时器的结构和工作原理

7.1.1　计数/定时器的结构

图 7.1 是计数/定时器的结构框图。

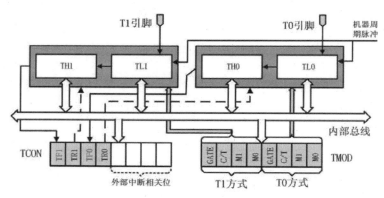

图 7.1　计数/定时器的结构框图

计数/定时器的实质是加 1 计数器（16 位），由高 8 位和低 8 位两个寄存器组成（T0 由 TH0 和 THL 组成，T1 由 TH1 和 TL1 组成）。TMOD 是计数/定时器的工作方式寄存器，由它确定计数/定时器的工作方式和功能。TCON 是计数/定时器的控制寄存器，用于控制 T0、T1 的启动和停止，以及设置溢出标志。

7.1.2　计数/定时器的工作原理

作为计数/定时器的加 1 计数器，其输入的计数脉冲有两个来源，一个是由系统的时钟振荡器输出脉冲经 12 分频后送来；另一个是 T0 或 T1 引脚输入的外部脉冲源。每来一个脉冲，计数器加 1，当加到计数器为全是 1 时，再输入一个脉冲，就使计数器回 0，且计数器的溢出使 TCON 中的 TF0 或 TF1 置 1，向 CPU 发出中断请求（当计数/定时器中断允许时）。如果计数/定时器工作于定时模式，那么表示定时时间已到；如果工作于计数模式，那么表示计数值已满。可见，由溢出时计数器的值减去计数的初值才是加 1 计数器的计数值。

当设置为定时器模式时，加 1 计数器是对内部机器周期计数（1 个机器周期等于 12 个振荡周期，即计数频率为晶振频率的 1/12)。计数值乘以机器周期就是定时时间。当设置为计数器模式时，外部事件计数脉冲由 T0（P3.4）或 T1（P3.5）引脚输入到计数器。在每个机器周期的 S5P2 期间采样 T0、T1 引脚电平。当某周期采样到一高电平输入，而下一周期又采样到一低电平输入时，则计数器加 1，更新的计数值在下一个机器周期的 S3P1 期间装入计数器。由于检测一个从 1 到 0 的下降沿需要两个机器周期，因此要求被采样的电平至少要维持一个机器周期，所以最高计数频率为晶振频率的 1/24。当晶振频率为 12 MHz 时，最高计数频率不超过 1/2 MHz，即计数脉冲的周期要大于 2 μs。

7.2　计数/定时器的控制

80C51 单片机计数/定时器的工作由两个特殊功能寄存器控制：**TMOD** 用于设置其工作方式；**TCON** 用于控制其启动和中断申请。

7.2.1　工作方式寄存器 TMOD

工作方式寄存器 TMOD 用于设置计数/定时器的工作方式，其字节地址为 89H，故不可以位寻址，只能字节寻址。低 4 位用于 T0，高 4 位用于 T1，其格式如下：

位地址	7	6	5	4	3	2	1	0
TMOD	GATA	C/$\overline{\text{T}}$	M1	M0	GATA	C/$\overline{\text{T}}$	M1	M0

GATE：门控位。当 GATE=0 时，只要用软件使 TCON 中的 TR0 或 TR1 为 1，就可以启动计数/定时器工作；当 GATE=1 时，要用软件使 TR0 或 TR1 为 1，同时外部中断引脚 $\overline{\text{INT0}}$ 或 $\overline{\text{INT1}}$ 也为高电平，才能启动计数/定时器工作，即此时定时器的启动条件，加上了 $\overline{\text{INT1}}$ 或 $\overline{\text{INT1}}$ 引脚为高电平这一条件。

C/T：计数/定时模式选择位。C/T=0 为定时模式；C/T=1 为计数模式。

M1M0：工作方式设置位。计数/定时器有 4 种工作方式，由 M1M0 进行设置，如表 7.1 所示。

表 7.1　计数/定时器工作方式设置

M1M0	工作方式	说明
00	方式 0	13 位计数/定时器
01	方式 1	16 位计数/定时器
10	方式 2	8 位自动重装计数/定时器
11	方式 3	T0 分成两个独立 8 位计数/定时器；T1 此方式时停止计数

7.2.2　控制寄存器 TCON

TCON 的低 4 位用于控制外部中断，已在前面介绍。TCON 的高 4 位用于控制计数/定时器的启动和中断申请，其格式如下：

位地址	8FH	8EH	8DH	8CH	8BH	8AH	89H	88H
TCON	TF1	TR1	TF0	TR0	IE1	IT1	IE0	IT0

TF1：计数/定时器 T1 溢出中断请求标志位。计数/定时器 T1 计数溢出时由硬件自动置 TF1 为 1。CPU 响应中断后 TF1 由硬件自动清零。在 T1 工作时，CPU 可随时查询 TF1 的状态。所以，TF1 可用做查询测试的标志。TF1 也可以用软件置 1 或清零，同硬件置 1 或清零的效果一样。

TR1：计数/定时器 T1 运行控制位。TR1 置 1 时，计数/定时器 T1 开始工作；TR1 置 0 时，计数/定时器 T1 停止工作。TR1 由软件置 1 或清零，所以，用软件可控制计数/定时器的启动与停止。

TF0：计数/定时器 T0 溢出中断请求标志位，其功能与 TF1 类同。

TR0：计数/定时器 T0 运行控制位，其功能与 TR1 类同。

7.3　计数/定时器的工作方式

80C51 单片机计数/定时器 T0 有 4 种工作方式（方式 0、1、2、3），T1 有 3 种工作方式（方式 0、1、2）。前 3 种工作方式，T0 和 T1 除了所使用的寄存器有关控制位、标志位不同，其他操作完全相同。为了简化叙述，下面以计数/定时器 T0 为例进行介绍。

7.3.1　方式 0

当 TMOD 的 M1M0 为 00 时，T0 工作于方式 0，其逻辑结构如图 7.2 所示：

方式 0 为 13 位计数，由 TL0 的低 5 位（高 3 位未用）和 TH0 的 8 位组成。当 TL0 的低 5 位溢出时向 TH0 进位，当 TH0 溢出时，置位 TCON 中的 TF0 标志向 CPU 发出中断请求。

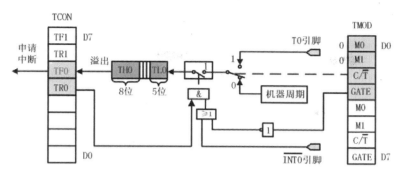

图 7.2　T0 工作于方式 0 的逻辑结构

当 C/T=0 时为定时器模式，且有

$$N=t/T_{cy}$$

式中 t 为定时时间，N 为计数个数，T_{cy} 为机器周期。

通常在计数/定时器的应用中我们要根据计数个数求出送入 TH1、TL1 和 TH0、TL0 中的计数初值。计数初值计算的公式为

$$X=2^{13}-N$$

式中 X 为计数初值，当计数个数为 1 时，初值 X 为 8 191；当计数个数为 8 192 时，初值 X 为 0。即当初值在 8 191~0 范围内时，计数范围为 1~8 192。另外，定时器的初值还可以采用计数个数直接取补法获得。

当 C/T=1 时为计数模式，计数脉冲是 T0 引脚上的外部脉冲。

门控位 GATE 具有特殊的作用。当 GATE=0 时，经反相后使或门输出为 1，此时仅由 TR0 控制与门的开启，与门输出 1 时，控制开关接通，计数开始；当 GATE=1 时，由 $\overline{INT0}$ 控制或门的输出，此时与门的开启由 $\overline{INT0}$ 和 TR0 共同控制。当 TR0=1 时，$\overline{INT0}$ 引脚的高电平启动计数，$\overline{INT0}$ 引脚的低电平停止计数。这种方式可以用来测量 $\overline{INT0}$ 引脚上正脉冲的宽度。

注意：方式 0 采用 13 位计数器是为了与早期的产品兼容，计数初值的高 8 位和低 5 位的确定比较麻烦，所以在实际应用中常被 16 位的方式 1 取代。

7.3.2　方式 1

当 M1M0 为 01 时，T0 工作于方式 1，其电路结构和操作方法与方式 0 基本相同，它们的差别仅在于计数的位数不同，如图 7.3 所示。

方式 1 的计数位数是 16 位，由 TL0 作为低 8 位、TH0 作为高 8 位组成了 16 位加 1 计数器。计数个数与计数初值的关系为

$$X=2^{16}-N$$

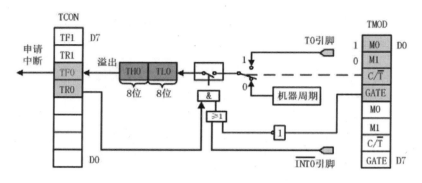

图 7.3　T0 工作于方式 1 的逻辑结构

可见，当计数个数为 1 时，初值 X 为 65 535；当计数个数为 65 536 时，初值 X 为 0。即当初值在 65 535~0 内时，计数范围为 1~65 536。计数初值要分解为 2 个字节分别送入 TH0、TL0（对于 T1 则为 TH1、TL1）中。

计数初值的计算也可以用下面的语句完成：

TH0=(65536−N)/256;

TL0=(65536−N)%256;

7.3.3　方式 2

当 M1M0 为 10 时，T0 工作于方式 2，其逻辑结构如图 7.4 所示。

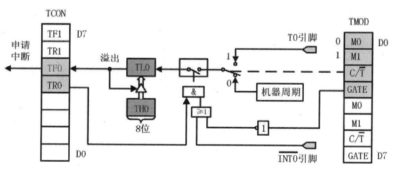

图 7.4　T0 工作于方式 2 的逻辑结构

方式 2 为自动重装初值的 8 位计数方式。TH0 为 8 位初值寄存器。当 TL0 计数溢出时，由硬件使 TF0 置 1，向 CPU 发出中断请求，并将 TH0 中的计数初值自动送入 TL0，TL0 从初值重新进行加 1 计数。周而复始，直至

TR0=0 才会停止。计数个数与计数初值的关系为

$$X=2^8-N$$

可见，当计数个数为 1 时，初值 X 为 255，当计数个数为 256 时，初值 X 为 0。即当初值在 255~0 内时，计数范围为 1~256。

由于在工作方式 2 时省去了用户软件中重装常数的程序，所以特别适合用作较精确的脉冲信号发生器。

7.3.4　方式 3

方式 3 只适用于计数/定时器 T0，定时器 T1 处于方式 3 时相当于 TR1=0，停止计数。当 T0 的方式字段中的 M1M0 为 11 时，T0 工作于方式 3，其逻辑结构如图 7.5 所示。

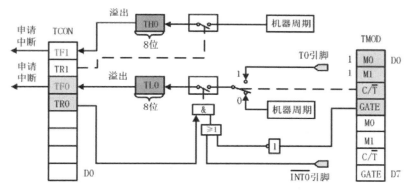

图 7.5　T0 工作于方式 3 的逻辑结构

方式 3 时，T0 分成为两个独立的 8 位计数器 TL0 和 TH0，TL0 使用 T0 的所有控制位：C/T、GATE、TR0、TF0 和 $\overline{INT0}$。当 TL0 计数溢出时，由硬件使 TF0 置 1，CPU 发出中断请求。而 TH0 固定为定时方式（不能进行外部计数），并且借用了 T1 的控制位 TR1、TF1。因此，TH0 的启、停受 TR1 控制，TH0 的溢出将置位 TF1。

在 T0 方式 3 时，因 T1 的控制位 C/T、M1M0 并未交出，原则上 T1 仍可按方式 0、1、2 工作，只是不能使用运行控制位 TR1 和溢出标志位 TF1，也不能发出中断请求信号。方式设定后，T1 将自动运行，若要停止工作，则只需将其定义为方式 3 即可。

在单片机的串行通讯应用中，T1 常作为串行口波特率发生器，且工作于方式 2，这时将 T0 设置成方式 3，可以使单片机的计数/定时器资源得到充分利用。

7.4　计数/定时器的应用举例

80C51 单片机的计数/定时器是可编程的，因此，在利用计数/定时器进行定时或计数之前，首先要通过软件对它进行初始化。初始化程序应完成如下工作：

- 对 TMOD 赋值，以确定 T0 和 T1 的工作方式；
- 计算初值，并将其写入 TH0、TL0 或 TH1、TL1；
- 中断方式时，则对 IE 赋值，开放中断；
- 使 TR0 或 TR1 置位，启动计数/定时器，开始定时或计数。

7.4.1　生成方波

利用 80C51 单片机的定时器工作于方式 1，实现 1 kHz 方波信号的输出，单片机晶振频率为 12 MHz。

思路：12 MHz 的晶振，则机器周期为 1 μs，若需要产生 1 kHz 的方波（周期为 1 000 μs），则需要定时 500 μs，每 500 μs 控制一 I/O 口输出翻转即可产生 1 kHz 方波。

80C51 单片机的定时器的方式 1 模式为 16 位定时模式，以 T0 为例，TH0 和 TL0 拼接成 16 位加 1 计数器，TH0 为初始的高 8 位、TL0 为初值的低 8 位，当前晶振最大定时时间为 65 536 μs，因此计数个数 N 为

$$N = t/T_{cy} = 500 \text{ μs}/1 \text{ μs} = 500$$

初值为

$$X = 65\,536 - 500$$

则初值寄存器：

TH0=(65 536−500)/256；

TL0=(65 536−500)%256。

参考程序为：

```
#include   <reg51.h>
#define   uchar   unsigned   char
#define   uint   unsigned   int
sbit   P20=P2^0;
   // 主函数
void   main   (void)
{
   TMOD = 0x01;                    //T0 设置为定时模式，方式 1
   TL0 = (65536-500)%256;
   TH0 = (65536-500)/256;          //设定初值
   IE = 0x82;                      //开启 T0 中断和 EA
```

```
        TR0 = 1;                        //启动 T0
            while (1);
    }
        //T0 中断函数
    void    T0Isr ()    interrupt 1
    {
        P20 = ~P20;                     //到达 500 μs 后，P20 引脚翻转
        TL0 = (65536-500)%256;
        TH0 = (65536-500)/256;          //为下一个 500 μs 定时赋初值
    }
```

　　1 kHz 生成方波电路如图 7.6 所示，图 7.7 为运行后示波器显示的 P2.0
引脚的信号。

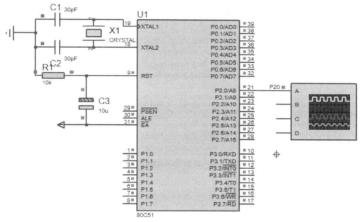

图 7.6　1 kHz 生成方波电路

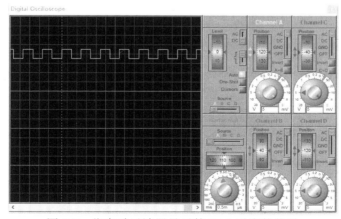

图 7.7　仿真时示波器显示的 P2.0 引脚的信号

7.4.2 秒表

利用 80C51 单片机设计一款用数码管显示的秒表，要求显示三位数字，小数点前两位，显示示例为"12.5"，电路中包含一个按键。系统加电后，显示"00.0"，第一次按下按键后启动秒表，第二次按下按键后暂停秒表，数码管显示当前数值，当第三次按下按键后数码管清零，恢复到加电后的初始状态，单片机的晶振为 12 MHz。

思路：12 MHz 的晶振，则机器周期为 1 μs，则利用 T0 方式 1 的最大可定时时间为 65 536 μs，即 65.536 ms。按照以上秒表要求，则需要一个 0.1 s，即 100 ms 的定时，这是 80C51 单片机的定时器无法实现的，这在工程中是很常见的一个问题。解决思路是我们可以让单片机的定时器在定时范围内定时一个整数值，然后在程序设计中设定一个变量，每次定时时间到了后将这个变量值加 1，通过控制变量的数值就可以获得较长的定时时间。

在此实例中，我们可以让 80C51 单片机的定时器 T0 定时 50 ms，然后设定一个变量"i"，每次定时器溢出时 i 加 1，当查询到 i 加了 2 次后即为 0.1 s，即可更新显示。

因此计数个数 N 为

$$N=t/T_{cy}=50 \text{ ms}/1 \text{ μs}=50\ 000$$

初值为

$$X=65\ 536-50\ 000$$

则初值寄存器

TH0=(65 536-50 000)/256；

TL0=(65 536-50 000)%256。

秒表的电路如图 7.8 所示，其中数码管采用的是共阳极数码管。

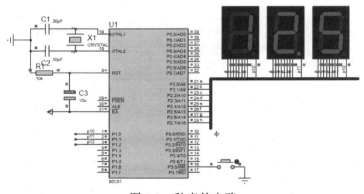

图 7.8　秒表的电路

秒表的程序流程图如图 7.9 所示。

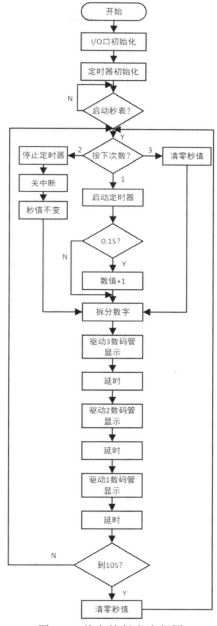

图 7.9　秒表的程序流程图

参考源程序为：

```
#include<reg51.h>
#define uchar unsigned char
#define uint unsigned int
sbit K1=P3^6;      //按键
uchar   i, Second_Counts,   Key_Flag_Idx;
bit   Key_State;
uchar   DSY_CODE[]={0xC0,0xF9,0xA4,0xB0,0x99,0x92,0x82,0xF8,0x80,0x90};
       // 延时函数
void   DelayMS(uint ms)
  {
     uchar t;
     while(ms--) for(t=0; t<120; t++);
  }
void Key_Event_Handle()        //按键程序
  {
     if(Key_State==0)
       {
            Key_Flag_Idx=(Key_Flag_Idx+1)%3;
            switch(Key_Flag_Idx)
              {
                 case 1:     EA=1;ET0=1;TR0=1;break;
                 case 2:     EA=0;ET0=0;TR0=0;break;
                 case 0:     P2=0xC0;i=0;Second_Counts=0;
                 }
          }
     }
     //主函数
void main()
  {
     P2=0xC0;
     P1=0xff;
     i=0;
     Second_Counts=0;
     Key_Flag_Idx=0;
```

```
        Key_State=1;
        TMOD=0x01;
        TH0=(65536-50000)/256;
        TL0=(65536-50000)%256;
        while(1)
          {
            if(Key_State!=K1)
              {
                 DelayMS(10);
                 Key_State=K1;
                 Key_Event_Handle();
                  }
            P2=DSY_CODE[Second_Counts%10];
            P1=0x01;
            DelayMS(20);
            P1=0x00;
            P2=DSY_CODE[Second_Counts/10%10]&0x7f;
            P1=0x02;
            DelayMS(20);
            P1=0x00;
            P2=DSY_CODE[Second_Counts/100];
            P1=0x04;
            DelayMS(20);
            P1=0x00;
          }
}
    //  定时器中断函数
void DSY_Refresh() interrupt 1
{
   TH0=(65536-50000)/256;
   TL0=(65536-50000)%256;
   if (++i==2)                      //50ms*2=0.1s
     {
        i=0;
        Second_Counts++;
        if(Second_Counts==1000) Second_Counts=0;
```

```
        }
    }
```

7.4.3　直流电机驱动

在现代电子系统中，直流电机是广泛应用于各种设备和应用中的关键组件之一，它们被用于驱动风扇、机械臂、汽车零部件以及许多其他设备中。直流电机的控制方式灵活多样，可通过调整电压、电流和 PWM 信号等参数实现不同的运动特性，如正转、反转、加速、减速等，这种灵活性使得直流电机可以适应各种应用场景的需求。直流电机是一种利用直流电驱动的电动机，最常见的是以磁场产生的力使电动机转动。直流电机的特点是可以实现电机的方向、速度和停止的控制，常用于需要精确调节的场合。直流电机的主要部件有定子、转子、换向器和电刷等。直流电机的工作原理是：当直流电流通过转子线圈时，转子线圈会在定子磁场中受到洛伦兹力，产生转矩，使转子旋转。为了使转矩的方向改变，需要用换向器和电刷定期改变转子线圈中电流的方向。换向器是由若干个铜片组成的整流子，电刷是与整流子接触的导电装置，通常用碳或石墨制成。直流电机的工作原理图和实物图如图 7.10 所示。

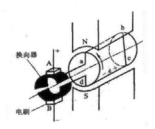

（a）工作原理图　　　　　　（b）实物图

图 7.10　直流电机的工作原理图和实物图

如 5.1 节所述，80C51 单片机的 I/O 口的最大输入输出电流约为 10 mA，因此在基于单片机的控制系统中，往往需要驱动电路实现单片机对直流电机的控制，最简单的驱动电路可通过一个三极管的放大电路实现，如图 7.11 所示。该电路的缺点是不能实现电机的正转和反转的切换，而利用由四个三极管组成的 H 型电路桥则可以解决该问题，如图 7.12 所示。在实际应用中为了避免分离元器件所带来的系统不稳定性，往往会采用专用的驱动集成电路，如 ULN2003 和 L298N，这里我们重点介绍 L298N 集成驱动电路。

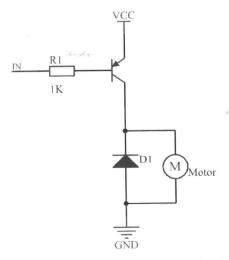

图 7.11　由单个三极管组成的直流电机的驱动电路

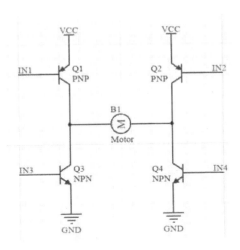

图 7.12　由四个三极管所组成的 H 型电路桥的驱动电路

1．L298N 驱动芯片

L298N 是 SGS 公司生产的一款通用的电机驱动模块，其内部包含 4 路逻辑驱动电路，有两个 H 桥的高电压大电流全桥驱动器，接收 TTL 逻辑电平信号，一个模块可同时驱动两个直流电机工作，具有反馈检测和过热自断功能。利用 L298N 驱动电机时，主控芯片只需通过 I/O 口输出控制电平即可实现对电机转向的控制，编程简单，稳定性好。N 是 L298 的封装标识符，

N 是立式封装，另外还有其他两种不同类型的封装方式：P 和 HN 分别是贴装形式封装和侧安装封装。L298N 的输出电流为 2 A，最高电流为 4 A，最高工作电压为 46 V，可以驱动感性负载，如大功率直流电机、步进电机、电磁阀等。特别是其输入端可以与单片机直接相联，从而很方便受单片机控制，只需改变输入端的逻辑电平便可实现电机的正转与反转。

L298N 的实物图和引脚图如图 7.13 所示，L298N 芯片有 15 个引脚，引脚的说明如表 7.2 所示。L298N 的逻辑功能如表 7.3 所示。

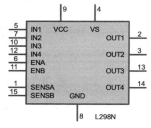

（a）实物图　　　　　　　　（b）引脚图

图 7.13　L298N 的实物图和引脚图

表 7.2　L298N 引脚的说明

引脚	标识	说明
1	SENSA	电流传感器 A，在该引脚和地之间接小阻值电阻可用来检测电流
2	OUT1	内置驱动器 A 的输出端 1，接电机 A+
3	OUT2	内置驱动器 A 的输出端 2，接电机 A−
4	V_S	供电接口，外接输入电源，电压可达 46 V
5	IN1	内置驱动器 A 的逻辑输入端 1
6	ENA	内置驱动器 A 的使能端
7	IN2	内置驱动器 A 的逻辑输入端 2
8	GND	外接电源负极
9	V_{CC}	逻辑控制电路的电源输入端 5 V
10	IN3	内置驱动器 B 的逻辑输入端 1
11	ENB	内置驱动器 B 的使能端
12	IN4	内置驱动器 B 的逻辑输入端 2
13	OUT3	内置驱动器 B 的输出端 1，接电机 B+
14	OUT4	内置驱动器 B 的输出端 2，接电机 B−
15	SENSB	电流传感器 B，在该引脚和地之间接小阻值电阻可用来检测电流

表 7.3　L298N 的逻辑功能

IN1	IN2	ENA	电机状态
X	X	0	停止
1	0	1	顺时针
0	1	1	逆时针
0	0	1	停止
1	1	1	停止

2．PWM 调速原理

所谓 PWM（Pulse—Width Modulation），就是脉冲宽度调制技术，其具有两个很重要的参数，频率和占空比。频率就是周期的倒数，占空比就是高电平在一个周期内所占的比例。PWM 方波的示意图如图 7.14 所示。

在图 7.14 中，频率 f 的值为 1/(T1+T2)，占空比 D 的值为 T1/(T1+T2)。通过改变单位时间内脉冲的个数可以实现调频；通过改变占空比可以实现调压。占空比越大，所得到的平均电压也就越大，幅值也就越大；占空比越小，所得到的平均电压也就越小，幅值也就越小。因此，只要改变 PWM 信号的占空比，就可以改变直流电机两端的平均电压，从而实现直流电机的调速。

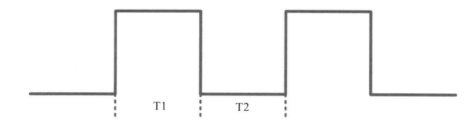

图 7.14　PWM 方波的示意图

3．基于 80C51 单片机的直流电机驱动

本节所叙述的 80C51 单片机的直流电机驱动电路如图 7.15 所示，电路以一个直流电机的速度调节为例进行展示。电路中的 U3（PC817A）为光耦，用于 80C51 单片机和 L298N 间的信号连接，相比于直接相连，利用光耦进行级联更容易扩展其他器件。电路中包含了 5 个独立按键，其中 K1 为"启动和停止"键；K2 为"正转"键；K3 为"反转"键；K4 为"加速"键；K5 为"减速"键。

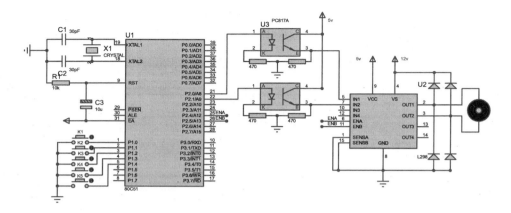

图 7.15 80C51 单片机的直流电机驱动电路

参考源程序为：

```
#include <reg51.h>
sbit StopAndStart      = P1^0;
sbit KeyTurnForward    = P1^1;
sbit KeyTurnBackward = P1^2;
sbit KeyAddSpeed       = P1^3;
sbit KeySubSpeed       = P1^4;
sbit ENA = P2^4; // 电机 A 使能端
sbit IN1 = P2^0; // 电机 A 控制端 1
sbit IN2 = P2^1; // 电机 A 控制端 2
 #define PWM_PERIOD 100
unsigned char motorSpeed = 50; // 初始速度
bit motorDirection = 1;        // 初始方向，1 为正转，0 为反转
     //延时函数
void delay(unsigned int t)
{
 unsigned int i, j;
 for(i = 0; i < t; i++)
      for(j = 0; j < 125; j++);
}
     //正转函数
void forward()
{
 IN1 = 1;
 IN2 = 0;
}
     //反转函数
void backward()
```

```c
{
 IN1 = 0;
    IN2 = 1;
}
    //停止函数
void stopward()
{
 IN1 = 0;
 IN2 = 0;
}
    //加速函数
void accelerate()
{
        if (motorSpeed < PWM_PERIOD)
        {
    motorSpeed += 10; // 增加速度
        }
}
    //减速函数
void decelerate()
{
        if (motorSpeed > 0)
    {
    motorSpeed -= 10; // 减小速度
 }
}
    // 定时器 0 中断服务程序
void Timer0_ISR() interrupt 1
{
 static unsigned int counter = 0;
 counter++;
      if (counter >= PWM_PERIOD)
        {
        counter = 0;
            }
   if (counter < motorSpeed)
    {
            if (motorDirection == 1)
            {
            forward(); // 控制正转
        }
        else {
        backward(); // 控制反转
            }
     }
else {
    stopward(); // 停止电机
  }
```

```
}
    //主函数
void main()
{
 TMOD = 0x01; // 设置定时器 0 为模式 1，16 位定时器
 TH0 = 0xFC;   // 定时器初值
 TL0 = 0x66;
 TR0 = 1;      // 启动定时器 0
    EA = 1;          // 开启总中断
 ET0 = 1;      // 开启定时器 0 中断
    ENA = 1;         // 使能电机驱动器
    while(1)     // 在主循环中控制加减速等操作
    {
        if (StopAndStart == 0) //检测 K1 键是否按下
            {
                delay(10);
                if (StopAndStart == 0)
                    {
                        while (StopAndStart == 0);   //去抖作用
                        ENA = ~ENA;
                    }
            }
        if (KeyTurnForward == 0) //检测 K2 键是否按下
            {
                delay(10);
                if (KeyTurnForward == 0)
                    {
                        while (KeyTurnForward == 0); //去抖作用
                        motorDirection = 1;
                    }
            }
        if (KeyTurnBackward == 0) //检测 K3 键是否按下
            {
                delay(10);
                if (KeyTurnBackward == 0)
                    {
                        while (KeyTurnBackward == 0); //去抖作用
                        motorDirection = 0;
                    }
            }
        if (KeyAddSpeed == 0) //检测 K4 键是否按下
            {
                delay(10);
                if (KeyAddSpeed == 0)
                    {
                        while (KeyAddSpeed == 0); //去抖作用
                        accelerate();
```

```
                    }
              }
    if (KeySubSpeed == 0) //检测 K5 键是否按下
              {
                    delay(10);
          if (KeySubSpeed == 0)
                    {
                    while (KeySubSpeed == 0); //去抖作用
                    decelerate();
                    }
              }
          }
    }
```

由于 80C51 单片机的定时器没有 PWM 模块，因此以上代码中是利用 80C51 单片机的定时器使用软件实现 PWM 波，即使用定时器和 I/O 口来模拟 PWM 输出。

7.5　80C52 单片机的计数/定时器 T2

在增强型单片机 80C52 的产品中，除了片内的 ROM 和 RAM 的容量增加了一倍，还增加了一个计数/定时器 T2。因此，相应地增加了一个中断源 T2（矢量地址 002BH）。T2 在具备 T0 和 T1 的基本功能的同时，还增加了 16 位动重装、捕获及加减计数方式。

增强型单片机的 P1.0 增加了第二功能（T2），可以作为 T2 的外部脉冲输入和定时脉冲输出；P1.1 也增加了第二功能（EXT2），可以作为 T2 捕捉重装方式的触发和检测控制。

7.5.1　T2 的相关控制寄存器

与 T2 相关的寄存器有 6 个（总的 SFR 个数增到了 27 个）功能如下：

1. 工作模式寄存器 T2MOD

T2MOD 用于设置 T2 的工作模式，字节地址位 C9H，只有低 2 位有效。格式如下：

位地址	7	6	5	4	3	2	1	0
T2MOD							T2OE	DCEN

T2OE：输出允许位。当 T2OE=0 时，禁止定时时钟从 P1.0 输出；当 T2OE=1 时，允许定时时钟从 P1.0 输出。复位时 T2OE 为 0。

DCEN：计数方向控制使能位。当 DCEN=0 时，引脚 P1.1 状态对计数方向无影响（采用默认的加计数）；当 DCEN=1 时，计数方向与 P1.1 状态有关（0，加计数；1，减计数）。复位时 DCEN 为 0。

2．控制寄存器 T2CON

T2CON 用于对 T2 的各种功能进行控制，字节地址位 C8H，复位时状态为 00H。格式如下：

位地址	7	6	5	4	3	2	1	0
T2CON	TF2	EXF2	RCLK	TCLK	EXEN2	TR2	C/$\overline{T2}$	CP/$\overline{RL2}$

TF2：T2 溢出中断标志。T2 溢出时置位并向 CPU 申请中断，且只能由用户软件清零（而 TF0 和 TF1 可由硬件自动清零）。当 RCLK=1 或 TCLK=1 时，T2 溢出不对 TF2 置位。

EXF2：T2 外部中断标志。在捕捉和自动重装方式下，当 EXEN2=1 时，在 T2EX 引脚发生负跳变会使 EXF2 置位。若此时 T2 中断被允许，则 EXF2=1 会使 CPU 响应中断。EXF2 出用户软件清零。

RCLK：串行 1 接收时钟选择。当 RCLK=1 时，串行口的接收时钟（方式 1 和方式 3）采用 T2 的溢出脉冲；当 RCLK=0 时，接收时钟采用 T1 的溢出脉冲。

TCLK：串行 1 发送时钟选择。当 TCLK=1 时，串行口的发送时钟（方式 1 和方式 3）采用 T2 的溢出脉冲；当 TCLK=0 时，发送时钟采用 T1 的溢出脉冲。

EXEN2：外部触发使能位。对于捕捉和重装方式，当 EXEN2=1 时，T2EX 引脚的负跳变会触发捕捉或重装动作，当 EXEN2=0 时，T2EX 引脚的电平变化对 T2 没有影响。

TR2：T2 的运行控制位。利用软件，当使 TR2=1 时，启动 T2 运行；当使 TR2=0 时，停止 T2 运行。

C/$\overline{T2}$：T2 的定时或计数功能选择位。当 C/$\overline{T2}$=0 时，T2 为内部定时器；当 C/$\overline{T2}$=1 时，T2 为外部事件计数器（下降沿触发）。

CP/$\overline{RL2}$：捕捉或重装选择位。当 CP/$\overline{RL2}$=1 时，T2 工作于捕捉方式；当 CP/$\overline{RL2}$=0 时，T2 工作于重装方式。

7.5.2　T2 的工作方式

1．捕捉方式（CP/$\overline{RL2}$=1）

T2 的捕捉方式的结构和原理如图 7.16 所示。

当 EXEN2=0 时，为普通的计数/定时方式。T2 为 16 位计数/定时器，由 CP/$\overline{RL2}$ 位决定是作为计数器还是定时器。若作为定时器，其计数输入为振荡脉冲的 12 分频信号；若作为计数器，以 T2 的外部输入引脚（P1.0）上的输入脉冲作为计数脉冲。溢出时 TF2 置位，并向 CPU 申请中断。

当 EXEN2=1 时，为捕捉方式。T2 在能够完成普通计数/定时功能的同时，还增加了捕捉功能。在引脚 T2EX（P1.1）的电平发生有效负跳变时，会把 TH2 和 TL2 的内容锁入捕捉寄存器 RCAP2H 和 RCAP2L 中，使 EXF2 置位，并向 CPU 申请中断。

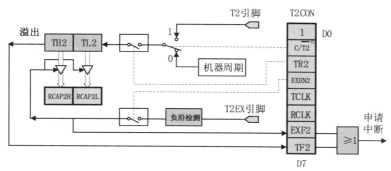

图 7.16　T2 的捕捉方式的结构和原理

注意：计数溢出和外部触发信号均能引起中断，但仅外部触发信号可引起捕捉动作。

2. 自动重装入方式（CP/$\overline{\text{RL2}}$ = 0）

当 DCEN=0 时（仅向上计数）的计数和触发重装。当 EXEN2=0 时，仅向上计数溢出事件使 RCAP2H 和 RCAP2L 的值重装到 TH2 和 TL2 中，并使 TF2 置位，并向 CPU 申请中断；当 EXEN2=1 时，T2EX（P1.1）引脚电平发生负跳变也会使 RCAP2H 和 RCAP2L 的值重装到 TH2 和 TL2 中，并使 EXF2 置位，并向 CPU 申请中断。常数自动重装模式（DCEN=0）的结构和原理如图 7.17 所示。

注意：EXEN2=1 时，向上计数溢出和外部触发信号均能引起重装和中断。

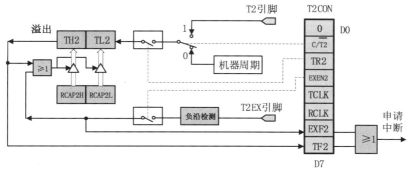

图 7.17　常数自动重装模式（DCEN=0）的结构和原理

当 DCEN=1 时为计数方向可选的计数重装，T2EX（P1.1）引脚电平为方向控制。当 P1.1=0 时，T2 减计数，当 TH2 和 TL2 与 RCAP2H 和 RCAP2L 的值对应相等时，计数器溢出，并将 FFH 加载到 TH2 和 TL2；当 P1.1=1 时，T2 加计数，溢出时 TH2 和 TL2 自动重装为 RCAP2H 和 RCAP2L 的值。无论哪种溢出，均置位 TF2，并向 CPU 申请中断。常数自动重装模式（DCEN=1）的结构和原理如图 7.18 所示。

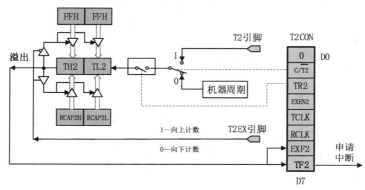

图 7.18　常数自动重装模式（DCEN=1）的结构和原理

注意：当 DCEN=1 时，外部引脚用作方向控制，外部信号不再用来触发中断。当 T2CON 为 0x04 时，对于 12 MHz 的晶振重装定时可达 65 ms（而 T0 或 T1 仅为 250 µs）。

7.5.3　波特率发生器方式

当 RCLK=1 和 TCLK=1 时，T2 用作波特率发生器，其结构和原理如图 7.19 所示。

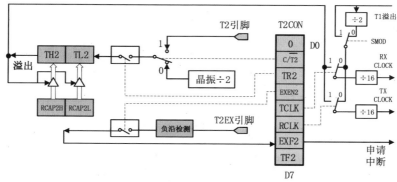

图 7.19　T2 用作波特率发生器的结构和原理

T2 波特率发生器方式类似于常数自动重装入方式，其 16 位常数值是由 RCAP2L 和 RCAP2H 装入的，而捕捉寄存器里的初值则由软件置入。由于 T2 的溢出率由 T2 的工作方式所确定，而 T2 可以用作定时器或计数器，因此最典型的应用是把 T2 设置为定时器，即置 C/$\overline{T2}$ = 0。这时 T2 的输入计数脉冲为振荡频率的二分频信号，当 TH2 计数溢出时，溢出信号控制将 RCAP2L 和 RCAP2H 寄存器中的初值重新装入 TL2 和 TH2 中，并从此初值开始重新计数。由于 T2 的溢出率是严格不变的，因此使串行口方式 1、方式 3 的波特率非常稳定。即

波特率=振荡频率/{32×[65 536−(RCAP2H、RCAP2L)]}

波特率发生器只有在 RCLK 及 TCLK 为 1 时才有效，此时 TH2 的溢出不会将 TF2 置位。因此，当 T2 工作于波特率发生器方式时可以不禁止中断。如果 EXEN2 被置位，那么 T2EX 引脚的电平发生负跳变可以作为一个外部中断信号使用。

当 T2 作为波特率发生器工作时（已经使 TR2=1），不允许对 TL2 和 TH2 进行读写，对 RCAP2H 和 RCAP2L 可以读但不可以写，因为此时对 RCAP2H 和 RCAP2L 进行写操作，会改变寄存器内的常数值，使波特率发生变化。只有在 T2 停止计数后（即让 TR2=0），才可以对 RCAP2H 和 RCAP2L 进行读写操作。

注意：在 T2 用作波特率发生器时，当晶振频率为 11.059 2 MHz 时，如果要求的波特率为 9 600，那么 T2 的初值为 FFDCH，T2CON 可以设为 0x30。

7.5.4　可编程时钟输出

当 T2CON 中的 C/$\overline{T2}$ = 0，T2MOD 中的 T2OE=1 时，定时器可以通过编程在 P1.0 输出占空比为 50% 的时钟脉冲，此时 T2 的时钟输出方式的结构和原理如图 7.20 所示。

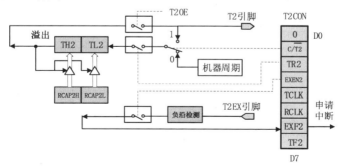

图 7.20　T2 的时钟输出方式的结构和原理

时钟输出频率为

频率=振荡频率/{4×[65536−(RCAP2H、RCAP2L)]}

用作时钟输出时，TH2 的溢出不会产生中断，这种情况与波特率发生器方式类似。当定时器 T2 用作时钟发生器时，同时也可以作为波特率发生器使用，只是波特率和时钟频率不能分别设定（因为二者都使用 RCAP2H 和 RCAP2L）。

7.6 习　题

1. 80C51 单片机有几个计数/定时器?80C52 单片机有几个计数/定时器?
2. 简述计数/定时器的工作原理。
3. TCON 和 TMOD 的各个位的作用是什么？它们都可以按位寻址吗？
4. 计数/定时器的工作方式有几种?各有什么不同?
5. 简述计数/定时器的初始化步骤。
6. 如果单片机的晶振采用 6 MHz，计数/定时器工作在方式 1、2 下，其最大的定时时间为多少?
7. 当计数/定时器用作定时器时，其计数脉冲由谁提供？定时时间与哪些因素有关?
8. 当计数/定时器用作计数器时，其对外界计数频率有何限制?
9. 计数/定时器的工作方式 2 有何特点？适用于哪些应用场合?
10. 若一个计数/定时器的定时时间有限，则如何实现延长定时器的定时时间？
11. 编写程序，要求使用 T0，采用方式 2 定时，在 P0 口输出周期为 400 μs，占空比为 10∶1 的短形脉冲。
12. 采用计数/定时器 T0 对外部进行计数，每计数 100 个脉冲后，T0 转为定时工作方式，定时 1 ms 后，又转为计数方式，如此循环不止，单片机的晶振频率为 6 MHz，编写程序。
13. 直流电机的调速方法有哪些?
14. 简述 PWM 的工作原理。
15. 编写一个程序，控制 P1.0 输出一个矩形脉冲，脉冲占空比为 20%。

第 8 章　80C51 单片机的串行口

串行通信技术是单片机系统开发中常用的技术之一，串行口一般在单片机内部集成。80C51 单片机内的串行口为全双工的 UART 口，它能同时发送和接收数据。本章主要介绍串行通信基础、串行口的结构、串行口的工作方式、多机通信、波特率的设置以及串行口的使用。

8.1　串行通信基础

通信是指信息的交换，计算机通信是将计算机技术和通信技术相结合，完成计算机与外部设备或计算机与计算机之间的信息交换。这种信息交换可以分为两大类：并行通信与串行通信。

并行通信是将收发设备的所有数据用多条数据线同时进行传送，其示意图如图 8.1 所示。

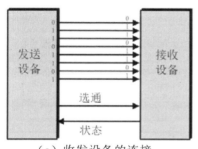
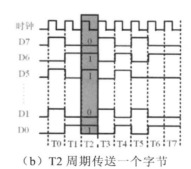

（a）收发设备的连接　　　　　（b）T2 周期传送一个字节

图 8.1　并行通信示意图

并行通信除了数据线还有通信联络控制线。数据发送方在发送数据前要先检测接收设备的状态，若接收设备处于可以接收数据的状态，则发送设备就发送选通信号。在选通信号的作用下，各数据位信号同时传送到接收设备。由图 8.1 可以看出，传送一个字节仅用了一个周期。

并行通信的特点是：控制简单、传输速度快，但当距离长时传输线较多，成本高，且接收方的各位同时接收存在困难。

串行通信是将数据字节分成一位一位的形式在一条传输线上逐个地传送，其示意图如图 8.2 所示。在串行通信时，数据发送设备先将数据代码由并行形式转换成串行形式，然后一位一位地放在传输线上进行传送，数据接收设备将接收到的串行形式数据转换成并行形式进行存储或处理。串行通信必须采用一定的方法进行数据传送的起始及停止控制。

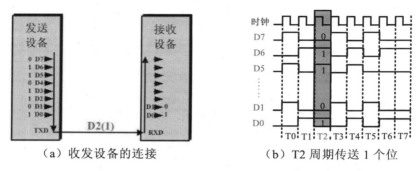

（a）收发设备的连接　　　　　　（b）T2 周期传送 1 个位

图 8.2　串行通信示意图

串行通信的特点是：传送控制复杂、速度慢，当距离长时，由于传输线少，成本低。

8.1.1　串行通信的基本概念

1．异步通信与同步通信

对于串行通信，数据信息、控制信息要按位在一条线上依次传送。为了对数据和控制信息进行区分，收发双方要事先约定共同遵守的通信协议。通信协议约定的内容包括数据格式、同步方式、传输速率、校验方式等。根据发送与接收设备时钟的配置情况，串行通信可以分为异步通信和同步通信。

(1)异步通信。

异步通信是指通信的发送与接收设备使用各自的时钟控制数据的发送和接收过程。为使双方的收发协调，要求发送和接收设备的时钟尽可能一致。异步通信示意图如图 8.3 所示。

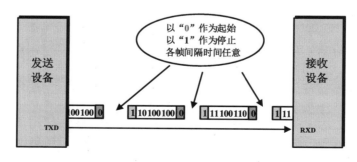

图 8.3　异步通信示意图

异步通信是以字符（构成的帧）为单位进行传输，字符与字符之间的间隙（时间间隔）任意，但每个字符中的各位是以固定的时间传送的，即字符之间是异步的（字符之间不一定有"位间隔"的整数倍的关系)。

异步通信也要求发送设备与接收设备传送数据同步，采用的办法是使传送的每个字符都以起始位 0 开始，以停止位 1 结束。这样，传送的每一帧都用起始位来进行收发双方的同步。停止位和间隙作为时钟频率偏差的缓冲，即使收发双方的时钟频率略有偏差，积累的误差也限制在本帧之内。异步通信的帧格式如图 8.4 所示。

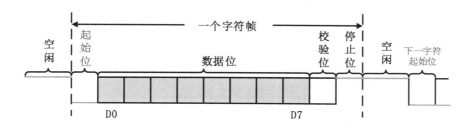

图 8.4　异步通信的帧格式

由图 8.4 可见，异步通信的每帧数据由 4 部分组成：

- 起始位（1 位）；
- 数据位（8 位）；
- 奇偶校验位（1 位，也可以没有校验位）；
- 停止位（1 位)。

图 8.4 中给出的是由 1 位起始位、8 位数据位、1 位奇偶校验位和 1 位停止位，共 11 位组成的一个传输的字符帧。在数据传送时，低位先传送，高位后传送。字符之间允许有不定长度的空闲位。起始位 0 作为传送开始的联络信号，它告诉接收方传送的开始，接下来的是数据位和奇偶校验位，停止位 1 表示一个字符的结束。

接收设备在接收状态时不断检测传输数据线，看是否有起始位到来。在收到一系列的 1（空闲位或停止位）之后检测到一个 0，说明起始位出现，就开始接收所规定的数据位和奇偶校验位以及停止位。串行接口电路将停止位去掉后把数据位拼成一个并行字节，再经校验无误才算正确地接收到一个字符。一个字符接收完毕后，接收设备又继续检测传输线，监视 0 电平的到来（下一个字符开始），直到全部数据接收完毕。

异步通信的特点是不要求收发双方时钟的严格一致，易于实现，但每个字符要附加2位或3位用于起止位，各帧之间还有间隔，因此传输效率不高。

(2)同步通信。

在**同步通信**时要建立发送方时钟对接收方时钟的直接控制，使数据传送完全同步，同步通信传输效率高。在同步传输时，数据是以数据块的形式进行传输的，每个数据块包括同步字符、数据和校验字符，其帧格式如图8.5所示。

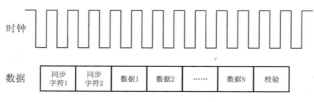

图8.5　同步通信的帧格式

2．串行通信的传输方向

串行通信根据数据传输的方向及时间关系可分为：单工、半双工和全双工，如图8.6所示。

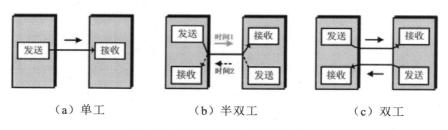

（a）单工　　　　　（b）半双工　　　　　（c）双工

图8.6　串行通信的三种传输方向

单工是指数据传输仅能沿一个方向，不能实现反向传输，如图8.6（a）所示；**半双工**是指数据传输可以沿两个方向，但需要分时进行，如图8.6（b）所示；**全双工**是指数据可以同时进行双向传输，如图8.6（c）所示。

3．串行通信的错误校验

在通信过程中往往要对数据传送的正确与否进行校验。校验是保证准确无误传输数据的关键。常用的校验方法有奇偶校验和代码和校验。

(1)奇偶校验。

在发送数据时，数据位尾随的1位为奇偶校验位（1或0）。当约定为奇校验时，数据中"1"的个数与校验位"1"的个数之和应为奇数；当约定为偶校验时，数据中"1"的个数与校验位"1"的个数之和应为偶数，接收方与发送方的校验方式应一致。在接收字符时对"1"的个数进行校验，若发现不一致，则说明传输数据过程中出现了差错。

(2)代码和校验。

代码和校验是发送方将所发数据块求和（或各字节异或），产生 1 B 的校验字符（校验和）并附加到数据块末尾。接收方接收数据的同时对数据块（除校验字节外）求和（或各字节异或），将所得的结果与发送方的"校验和"进行比较，相符则无差错，否则即认为传送过程中出现了差错。

4．传输速率与传输距离

(1)传输速率。

单片机通信属于基带传输（每个码元带有 1 bit 信息），可以用波特率来描述传输速率，它表示每秒钟传输信息的位数，用 bps 表示。标准的波特率有：110 bps、300 bps、600 bps、1 200 bps、1 800 bps、2 400 bps、4 800 bps、**9 600 bps**、14.4 kbps、19.2 kbs、28.8 kbps、33.6 kbps、56 kbps。

(2)传输距离与传输速率的关系。

传输距离与波特率及传输线的电气特性有关，通常传输距离随波特率的增加而减小。若使用非屏蔽双绞线（50pF/0.3m），则当波特率为 9 600 bps 时，最大传输距离为 76 m，若再提高波特率，则传输距离将大大减小。

8.1.2　串行通信接口标准

1．RS-232C 接口

RS-232 是 EIA（美国电子工业协会）于 1962 年制定的标准，1969 年修订为 RS-232C，后来又多次修订大纲。因为修改的不多，所以人们习惯早期的名字 RS-232C。

RS-232C 定义了数据终端设备（DTE）与数据通信设备（DCE）之间的物理接口标准，它规定了接口的机械特性、功能特性和电气特性几方面内容。

(1)机械特性。

RS-232C 采用 25 针连接器，连接器的尺寸及每个插针的排列位置都有明确的定义。在一般的应用中并不一定用到 RS-232C 标准的全部信号线，所以，在实际应用中常常使用 9 针连接器替代 25 针连接器。DB-25（阳头）和 DB-9（阳头）连接器引脚定义如图 8.7 所示。图 8.7 中所示的为**阳头定义，通常用于计算机侧，对应的阴头用于连接线侧。**

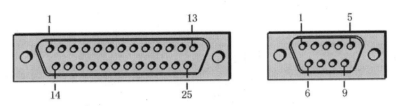

图 8.7　DB-25（阳头）和 DB-9（阳头）连接器引脚定义

(2)功能特性。

RS-232C 标准接口的主要信号线的功能定义如表 8.1 所示

表 8.1　RS-232C 标准接口的主要信号线的功能定义

插针序号	信号名称	功能	信号方向
1	PGND	保护接地	
2(3)	**TXD**	**发送数据(串行输出)**	**DTE→DCE**
3(2)	**RXD**	**接收数据(串行输入)**	**DTE←DCE**
4(7)	RTS	请求发送	DTE→DCE
5(8)	CTS	允许发送	DTE←DCE
6(6)	DSR	DCE 就绪(数据建立就绪)	DTE←DCE
7(5)	**SGND**	**信号接地**	
8(1)	DCD	载波检测	DTE←DCE
20(4)	DTR	DTE 就绪(数据终端准备就绪)	DTE→DCE
22(9)	RI	振铃指示	DTE←DCE

注：插针序号栏中，()内为 9 针非标准连接器的引脚号。

(3)电气特性。

RS-232C 采用负逻辑电平，规定（−3~−15 V）为逻辑"1"，典型值为−12 V，（+3~+15 V）为逻辑"0"，典型值为+12 V。−3~+3 V 是未定义的过渡区。TTL 电平与 RS232C 逻辑电平的比较如图 8.8 所示。

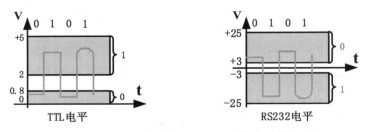

图 8.8　TTL 电平与 RS232C 逻辑电平的比较

由于 RS-232C 的逻辑电平与通常的 TTL 电平不兼容，为了实现与 TTL 电路的连接，要外加电平转换电路（如 MAX232）。

RS-232C 发送方和接收方之间的信号线采用多芯信号线，要求多芯信号线的总负载电容不能超过 2 500 pF。

注意：通常 RS-232C 的传输距离为几十米，传输速率小于 20 kbps。

(4)采用 RS-232C 接口存在的问题。

①传输距离短，传输速率低。

RS-232C 总线标准受电容允许值的约束，使用时传输距离一般不要超过 15 m（线路条件好时也不要超过几十米），最高传送速率为 20 kbps。

②有电平偏移。

RS-232C 总线标准要求收发双方共地。当通信距离较大时，收发双方的地电位差别较大，在信号地上将有比较大的地电流并产生压降。这样在一方输出的逻辑电平到达对方时，其逻辑电平若偏移较大，则将发生逻辑错误。

③抗干扰能力差。

RS-232C 在电平转换时采用单端输入输出，在传输过程中干扰和噪声会混在正常的信号中。为了提高信噪比，RS-232C 总线标准不得不采用比较大的电压摆幅。

2．RS-485 接口

RS-485 是一种串行通信标准，用于在多个设备之间进行数据通信。它是 RS-232 的一种改进版本，主要设计用于工业环境和长距离通信。RS-485 支持多点通信，允许多个设备共享同一通信线。图 8.9 为典型的多个设备通过 RS-485 总线与上位机连接示意图。

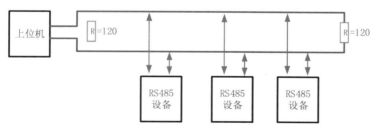

图 8.9 多个设备通过 RS-485 总线与上位机连接示意图

以下是 RS-485 的一些关键特点和特性：

- 多点通信：RS-485 支持多个设备（最多 32 个）连接到同一通信总线上。每个设备都有一个唯一的地址，以便确定通信的目标。

- 差分信号：RS-485 使用差分信号传输，即在通信线上同时存在两个相对的信号，一个正极性，一个负极性。这种差分传输方式使得 RS-

485 更能抵抗电磁干扰和抑制共模噪声，从而提高了通信的可靠性。

- 长距离通信：RS-485 可以支持较长的通信距离，通常可达 1 200 m 以上，这使其在工业环境中更为实用。
- 高数据传输速率：RS-485 支持较高的数据传输速率，通常在 100 kbps 到 10 Mbps 之间。这使得它适用于需要快速传输的应用。
- 半双工通信：RS-485 是半双工通信，意味着设备可以交替地发送和接收数据，但不能同时进行。
- 电流环回：RS-485 支持电流环回测试，这有助于检测通信线上的故障和问题。
- 常用于工业控制：由于其稳定性、抗干扰能力和适应长距离通信的特性，RS-485 常被应用于工业控制系统、仪表、传感器网络、自动化设备等领域。

总体而言，RS-485 是一种灵活、可靠且适用于工业环境的串行通信标准，为多设备通信提供了可行的解决方案。

8.2 80C51 单片机的串行口

80C51 单片机的串行口是一个全双工的通用异步收发器（UART），它还也可作为同步移位寄存器（用于扩展并口）使用。帧格式可以为 8 位、10 位或 11 位，可以设置多种不同的波特率。通过引脚 RXD 和引脚 TXD 与外界进行信息传输。

8.2.1 80C51 单片机的串行口的结构

80C51 单片机的串行口的内部简化结构如图 8.10 所示。

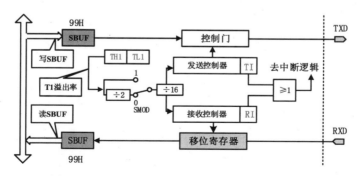

图 8.10 80C51 单片机的串行口的内部简化结构

图中有两个物理上的独立的接收、发送缓冲器 SBUF，它们占用同一地

址 **99H**，可同时发送、接收数据（全双工）。发送缓冲器只能写入，不能读出；接收缓冲器只能读出，不能写入。定时器 T1 可作为串行口的波特率发生器，T1 溢出率先经过 2 分频（也可以不分频）再经过 16 分频作为串行发送或接收的移位时钟。

接收时是双缓冲结构，由于在前一个字节从接收缓冲器 SBUF 被读走之前，已经开始接收第二个字节（串行输入至移位寄存器），若在第二个字节接收完毕时而前一个字节仍未被读走，则就会丢失前一个字节的内容。串行口的发送和接收都是以 SBUF 的名称进行读或写的，当向 SBUF 发出"写"命令时，即是向发送缓冲器 SBUF 装载并开始由 TXD 引脚向外串行地发送一帧数据，发送完后便使发送中断标志 TI=1；当串行口接收中断标志 RI=0 时，置允许接收位 REN=1 就会启动接收过程，一帧数据进入输入移位资存器，并装载到接收缓冲器 SBUF 中，同时使 RI=1。执行读 SBUF 的命令，则可以从接收缓冲器 SBUF 取出信息送至累加器 A，并存于某个指定的位置。

对于发送缓冲器，因为发送时 CPU 是主动的，所以不会产生重叠错误。

8.2.2　80C51 单片机串行口的控制寄存器

80C51 单片机的串行口是可编程的，对它初始化编程只需将两个控制字分别写入特殊功能寄存器 SCON 和电源控制寄存器 PCON 即可。

SCON 用于设定串行口的工作方式、进行接收和发送控制以及设置状态标志。其字节地址为 98H，因此可进行位寻址，其格式为：

位地址	9FH	9EH	9DH	9CH	9BH	9AH	99H	98H
SCON	SM0	SM1	SM2	REN	TB8	RB8	TI	RI

SM0 和 SM1：串行口工作方式选择位，可选择 4 种工作方式，如表 8.2 所示。

表 8.2　串行口的工作方式

SM0	SM1	方式	说明	波特率
0	0	0	移位寄存器	$f_{osc}/12$
0	1	1	10 为 UART(8 位数据)	可变
1	0	2	11 为 UART(9 位数据)	$f_{osc}/64$ 或 $f_{osc}/32$
1	1	3	11 为 UART(9 位数据)	可变

SM2：多机通信控制位，主要用于方式 2 和方式 3。

当接收机的 **SM2=1** 时，可以利用收到的 **RB8** 来控制是否激活 **RI**，即当 RB8=0 时，不激活 RI，收到的信息丢弃；当 RB8=1 时，收到的数据进入 SBUF，并激活 RI，进而在中断服务中将数据从 SBUF 读走。**当 SM2=0 时，不论收到的 RB8 为 0 还是 1，均可以使收到的数据进入 SBUF，并激活 RI**（即此时 RB8 不具有控制 RI 激活的功能）。通过控制 SM2 可以实现多机通信。

方式 0 和方式 1 不是多机通信方式，在这两种方式时要置 SM2=0。

REN：允许串行接收位。若软件置 REN=1，则启动串行口接收数据；若软件置 REN=0，则禁止接收。

TB8：在方式 2 或方式 3 中，是发送数据的第 9 位，可以用软件规定其作用。可以用作数据的奇偶校验位，或在多机通信中作为地址帧/数据帧的标志位。在方式 0 和方式 1 中，该位未用。

RB8：在方式 2 或方式 3 中，是接收数据的第 9 位，作为奇偶校验位或地址/数据顿的标志位。在方式 0 时不用 RB8（置 SM2=0）。在方式 1 时也不用 RB8（进入 RB8 的是停止位，置 SM2=0）。

TI：发送中断标志位。在方式 0 时，当串行发送第 8 位数据结束时，或在其他方式，在串行发送停止位的开始时，由内部硬件使 TI 置 1，向 CPU 发中断申请。在中断服务程序中，必须用软件将其清零，取消此中断申请。

RI：接收中断标志位。在方式 0 时，当串行接收第 8 位数据结束时，或在其他方式，在串行接收停止位时，由内部硬件使 RI 置 1，向 CPU 发中断申请。必须在中断服务程序中用软件将其清零，取消此中断申请。

电源控制寄存器 PCON，其字节地址位为 97H，因此不可以进行位寻址。在电源控制寄存器 PCON 中只有一位 SMOD 与串行口工作有关，其格式为：

位地址	7	6	5	4	3	2	1	0
PCON	SMOD							

SMOD：波特率倍增位。在串行口方式 1、方式 2、方式 3 时，波特率与 SMOD 有关，当 SMOD=1 时，波特率提高一倍。复位时，SMOD=0。

8.2.3　80C51 单片机的串行口的工作方式

80C51 单片机的串行口可设置 4 种工作方式，由 SCON 中的 SM0、SM1 进行定义。

1．方式 0

在方式 0 时，串行口为同步移位寄存器的输入输出方式。主要用于扩展并行输入或输出口。数据由 RXD 引脚输入或输出，同步移位脉冲由 TXD

引脚输出。发送和接收均为 8 位数据，低位在先，高位在后。波特率固定为 $f_{osc}/12$。

(1)方式 0 输出。

串行口工作于方式 0 的输出时序如图 8.11 所示。

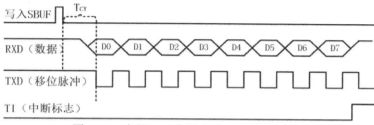

图 8.11　串行口工作于方式 0 的输出时序

对发送数据缓冲器 SBUF 写入一个数据，就启动了串行口的发送过程。内部的定时逻辑在对 SBUF 写入数据之后，经过一个完整的机器周期，输出移位寄存器中的内容逐次送 RXD 引脚输出。移位脉冲由 TXD 引脚输出，它使 RXD 引脚输出的数据移入外部移位寄存器。当数据的最高位 D7 移至输出移位寄存器的输出位时，再移位一次后就完成了一个字节的输出，这时中断标志 TI 置 1。若要再发送下一字节数据，则必须用软件先将 TI 清零。

(2)方式 0 输入。

串行口工作于方式 0 的输入时序如图 8.12 所示。

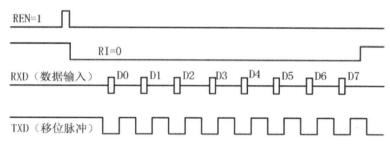

图 8.12　串行口工作于方式 0 的输入时序

当 SCON 中的接收允许位 REN=1，用指令使 SCON 中的 RI 为 0 时，就会启动行口接收过程。RXD 引脚为串行输入引脚，移位脉冲由 TXD 引脚输出。当接收完一帧数据后，由硬件将输入移位寄存器中的内容写入 SBUF，中断标志 RI 置 1。若要再接收数据，则必须用软件将 RI 清零。

2．方式 1

当串行口工作于方式 1 时，是 10 位数据的异步通信口。TXD 为数据发送引脚，RXD 为数据接收引脚，传送一帧数据的格式如图 8.13 所示。其中有 1 位起始位、8 位数据位和 1 位停止位。

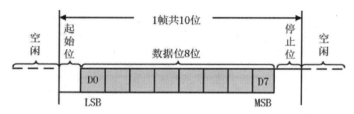

图 8.13　串行口工作于方式 1 时传送一帧数据的格式

(1)方式 1 发送。

当执行一条写 SBUF 的指令时，就启动了串行口发送过程。在发送移位时钟（由波特率确定）的同步下，从 TXD 引脚先送出起始位，然后是 8 位数据位，最后是停止位。在一帧 10 位数据发送完后，中断标志 TI 置 1。串行口工作于方式 1 的发送时序如图 8.14 所示。方式 1 的波特率由定时器 T1 的溢出率决定。

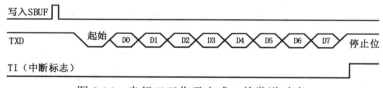

图 8.14　串行口工作于方式 1 的发送时序

(2)方式 1 接收。

串行口工作于方式 1 的接收时序如图 8.15 所示。

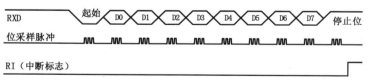

图 8.15　串行口工作于方式 1 的接收时序

当用软件置 REN 为 1 时，接收器以所选择波特率的 16 倍速率采样 RXD 引脚电平，若检测到 RXD 引脚输入电平发生负跳变，则说明起始位有效，将其移入输入移位寄存器，并开始接收这一帧信息的其余位。在接收过程中，数据从输入移位寄存器右边移入，当起始位移至输入移位寄存器最左边时，控制电路进行最后一次移位。在方式 1 时接收到的第 9 位信息是停止位，它将进入 RB8，而数据的 8 位信息会进入 SBUF，这时内部控制逻辑使 RI 置 1，向 CPU 申请中断，CPU 会将 SBUF 中的数据及时读走，否则会被下一帧收到的数据所覆盖。

3．方式 2 和方式 3

当串行口工作于方式 2 和方式 3 时，为 11 位数据的异步通信口。TXD 为数据发送引脚，RXD 为数据接收引脚，传送一帧数据的格式如图 8.16 所示。

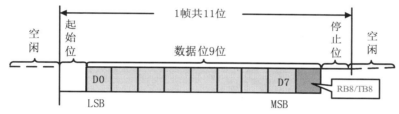

图 8.16　串行口工作于方式 2 和方式 3 时传送一帧数据的格式

由图 8.16 可见，当串行口工作于方式 2 和方式 3 时，起始位为 1 位，数据为 9 位（含 1 位附加的第 9 位，发送时为 SCON 中的 TB8，接收时为 RB8），停止位为 1 位，共 11 位数据。方式 2 的波特率固定为晶振频率的 1/64 或 1/32，方式 3 的波特率由定时器 T1 的溢出率决定。

(1)方式 2 和方式 3 的串行发送。

在 CPU 向 SBUF 写入数据时，就启动了串行口的发送过程。SCON 中的 TB8 写入输出移位寄存器的第 9 位，8 位数据装 SBUF。串行口工作于方式 2 和方式 3 的发送时序如图 8.17 所示

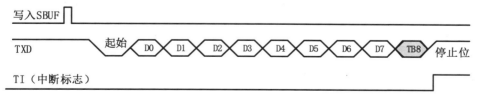

图 8.17　串行口工作于方式 2 和方式 3 的发送时序

在发送开始时，先把起始位 0 输出到 TXD 引脚，然后发送移位寄存器

的输出位 D0 到 TXD 引脚，之后每一个移位脉冲都使输出移位寄存器的各位向低端移动一位，并由 TXD 引脚输出。

在第一次移位时，停止位"1"移入输出移位寄存器的第 9 位上，以后每次移位高端都移入 0。当停止位移至输出位时，在检测电路检测到这一条件时，使控制电路进行最后一次移位，并置 TI=1，向 CPU 请求中断。

(2)方式 2 和方式 3 接收。

在 RI=0 的条件下，软件使接收允许位 REN 为 1 后，接收器就以所选波特率的 16 倍速率开始采样 RXD 引脚的电平状态，当检测到 RXD 引脚发生负跳变时，说明起始位有效，将其移入输入移位寄存器，开始接收这一帧数据。串行口工作于方式 2 和方式 3 的接收时序如图 8.18 所示。

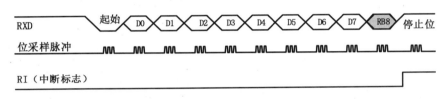

图 8.18　串行口工作于方式 2 和方式 3 的接收时序

接收时，数据从输入移位寄存器的低端移入，一个完整的帧除了起始位和停止位，还包含 9 位信息。当 SM2=0（不筛选地址帧，第 9 位信息是奇偶校验位）或 SM2=1 且 RB8=1（此第 9 位信息是筛选地址帧时的地址帧标志）时，接收到的信息会自动地装入 SBUF，并置 RI=1，向 CPU 申请中断。而当 SM2=1（筛选地址帧，第 9 位信息作为地址帧标志），但 RB8=0（该帧不是地址帧）时，数据将不被接收（丢弃），且不置位 RI。

8.2.4　波特率的计算

1．波特率的确定

在串行通信中，收发双方对发送或接收数据的速率要有约定，其中方式 0 和方式 2 的波特率是固定的，计算公式为

$$方式\ 0\ 的波特率=f_{osc}/12$$
$$方式\ 2\ 的波特率=(2^{SMOD}/64)\times f_{osc}$$

方式 1 和方式 3 的波特率是可调整的，由定时器 T1 的溢出率来决定。在用 T1 作为波特率发生器时，典型的用法是使 T1 工作在自动重装的 8 位定时方式（即定时方式 2）。这时溢出率取决于 TH1 中的初值

$$T1\ 溢出率=f_{osc}/\{12\times[256-(TH1)]\}$$

由此可以得到计算方式 1 和方式 3 的波特率的公式为

$$方式 1 的波特率 = (2^{SMOD}/32) \times (T1 溢出率)$$
$$方式 3 的波特率 = (2^{SMOD}/32) \times (T1 溢出率)$$

在单片机的应用中，常用的晶振频率为 6 MHz 、12 MHz 和 11.059 2 MHz。所以，方式 1 和方式 3 的波特率与 TH1 初值的对应关系基本上是确定的。当晶振频率为 11.059 2 MHz 时，方式 1 和方式 3 常用的串行口波特率与 TH1 初值的关系如表 8.3 所示。

表 8.3　方式 1 和方式 3 常用的串行口波特率与 TH1 初值的关系

波特率/bps	19 200	9 600	4 800	2 400	1 200
TH1 初值	FDH	FDH	FAH	F4H	E8H
SMOD	1	0	0	0	0

注：T1 为定时方式 2，晶振频率为 11.059 3 MHz。

2．串行口初始化步骤

在使用串行口前，应对其进行初始化，主要内容为：

- 确定 T1 的工作方式（配置 TMOD 寄存器）；
- 计算 T1 的初值，装载 TH1、TL1；
- 启动 T1（置位 TR1）；
- 确定串行口工作方式（配置 SCON 寄存器）；
- 串行口在中断方式工作时，要进行中断设置（编程 IE、IP 寄存器）。

8.3　80C51 单片机的串行口的应用

8.3.1　并行口扩展

由于 80C51 单片机的并行 I/O 口数量非常有限，仅仅有 32 根，当组成的应用系统包含大量的外部设备，如 LED、数码管、按键等时，可用的 I/O 口可能会不够。为了解决这个问题，可以通过使用外部器件进行并行口扩展，如 74HC595。

74HC595 是一个 8 位移位寄存器，具有串行输入、并行输出的功能。它可以通过串行输入将数据逐位传输到内部寄存器，然后通过并行输出将所有位一次性并行输出，这使得通过很少的 I/O 口就能够控制多个设备。而最为重要的是通过级联多个 74LS595 可以控制更多的设备。利用 80C51 单片机的串行口驱动 74LS595，可以减少系统 I/O 口的占用和节省硬件资源。图 8.19 为 74HC595 的引脚图。74HC595 引脚的定义及功能见表 8.4。

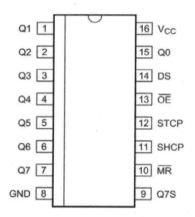

图 8.19   74HC595 的引脚图

表 8.4   74HC595 引脚的定义及功能

符号	引脚	描述
Q0~Q7	15、1~7	8 位并行输出
GND	8	地
Q7'	9	级联输出端，可以接下一个 74HC595 的 DS 端
MR	10	主复位（低电平）
SHCP	11	数据输入时钟线，上升沿时数据寄存器的数据移位
STCP	12	输出锁存器锁存时钟线，上升沿时数据从移位寄存器转存到存储寄存器
OE	13	输出有效（低电平）
DS	14	串行数据输入
Vcc	16	电源

接下来，我们在图 5.5 的基础上，改用 80C51 单片机驱动 74HC595 的方案实现流水灯的功能。这里采用 80C51 单片机的串行口的方式 0 模式，即同步移位寄存器。这样 80C51 单片机的 RXD 引脚将连接 74HC595 的 DS 引脚，80C51 单片机的 TXD 引脚（同步脉冲）将连接 74HC595 的 SHCP 引脚，74HC595 的 MR 引脚接 Vcc，74HC595 的 OE 引脚接地，Q7 悬空。图 8.20 为基于 74HC595 的流水灯电路连接图。

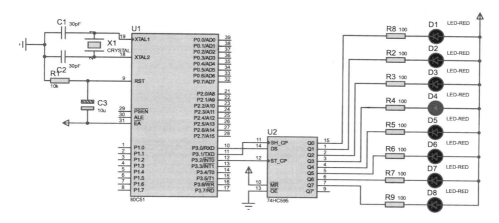

图 8.20　基于 74HC595 的流水灯电路连接图

参考源程序为：

```c
#include<reg51.h>
#include<intrins.h>
#define uchar unsigned char
#define uint unsigned int
sbit   ST = P3^2;
      //延时
void DelayMS(uint x)
{
     uchar i;
     while(x--)
     {
          for(i=0;i<120;i++);
     }
}
      //主程序
void main()
{
     uchar k;
     k=0xfe;
     SCON=0x00;     //串行口方式 0
     while(1)
     {
          SBUF=k;        //启动串行发送
          while(!TI);     //等待发送结束
          TI=0;           //清除中断标志位，为下一次发送
          ST=0;
          _nop_();
```

```
        _nop_();
        ST=1;                    //ST 引脚产生一定宽度的上升沿
        DelayMS(150);
        k=_crol_(k,1);           // 移位数据，变换 LED 的亮灭形式
    }
}
```

8.3.2 单片机与单片机通过串行口传送数据

利用单片机的串行口实现两个 80C51 单片机的串行通信采用 RS-232C 接口，图 8.21 为单片机与单片机通过串行口通信电路连接图。

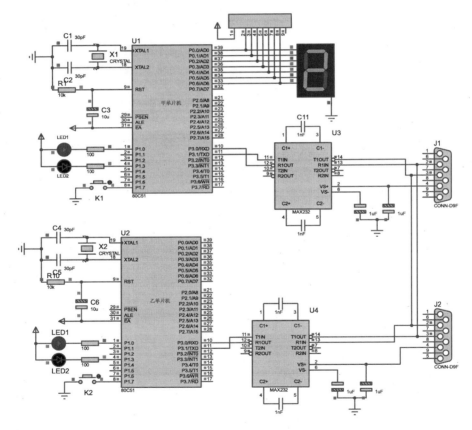

图 8.21 单片机与单片机通过串行口通信电路连接图

该工程是设定两个单片机的串行口均工作于方式 1 模式，波特率为 9 600 bps。当甲单片机的按键 K1 按下一次时，乙单片机连接的发光 LED1

点亮，当 K1 按下第二次时，乙单片机连接的发光 LED2 点亮，K1 按下第三次时，乙单片机连接的发光 LED1 和 LED2 均点亮，当 K1 按下第四次时，乙单片机连接的发光 LED1 和 LED2 均熄灭，如此反复，当 K1 按下过程中甲单片机的 LED1 和 LED2 也相应指示亮灭；当乙单片机的按键 K2 按下时，甲单片机连接的数码管会显示数字，表示乙单片机按键 K2 按下的次数。

甲单片机的参考源程序为：

```
/*   名称：甲机串口程序
     说明：甲机向乙机发送控制命令字符，甲机同时接收乙机发送的数字，并显
     示在数码管上。*/
#include<reg51.h>
#define uchar unsigned char
#define uint unsigned int
sbit LED1=P1^0;
sbit LED2=P1^3;
sbit K1=P1^7;
uchar Operation_No=0;        //操作代码
     //数码管代码
uchar code DSY_CODE[]={0x3f,0x06,0x5b,0x4f,0x66,0x6d,0x7d,0x07,0x7f,0x6f};
     //延时
void DelayMS(uint ms)
{
     uchar i;
     while(ms--) for(i=0;i<120;i++);
}
     //向串口发送字符
void Putc_to_SerialPort(uchar c)
{
     SBUF=c;
     while(TI==0);
     TI=0;
}
     //主程序
void main()
{
     LED1=LED2=1;
     P0=0x00;
     SCON=0x50;        //串口模式 1，允许接收
     TMOD=0x20;        //T1 工作模式 2
     PCON=0x00;        //波特率不倍增
     TH1=0xfd;
     TL1=0xfd;
     TI=RI=0;
     TR1=1;
     IE=0x90;          //允许串口中断
```

```
        while(1)
        {
            DelayMS(100);
            if(K1==0) //按下 K1 时选择操作代码 0，1，2，3
            {
                while(K1==0);
                Operation_No=(Operation_No+1)%4;
                switch(Operation_No)//根据操作代码发送 A/B/C 或停止发送
                {
                    case 0:     Putc_to_SerialPort('X');
                                LED1=LED2=1;
                                break;
                    case 1:     Putc_to_SerialPort('A');
                                LED1=~LED1;LED2=1;
                                break;
                    case 2:     Putc_to_SerialPort('B');
                                LED2=~LED2;LED1=1;
                                break;
                    case 3:     Putc_to_SerialPort('C');
                                LED1=~LED1;LED2=LED1;
                                break;
                }
            }
        }
}
    //甲机串口接收中断函数
void Serial_INT() interrupt 4
{
    if(RI)
    {
        RI=0;
        if(SBUF>=0&&SBUF<=9) P0=DSY_CODE[SBUF];
        else P0=0x00;
    }
}
```

乙单片机的参考源程序为：

```
/*      名称：乙机程序接收甲机发送字符并完成相应动作
        说明：乙机接收到甲机发送的信号后，根据相应信号控制 LED 完成不同闪
        烁动作。*/
#include<reg51.h>
#define uchar unsigned char
#define uint unsigned int
sbit LED1=P1^0;
sbit LED2=P1^3;
sbit K2=P1^7;
uchar NumX=-1;
```

```
    //延时
void DelayMS(uint ms)
{
    uchar i;
    while(ms--) for(i=0;i<120;i++);
}
    //主程序
void main()
{
    LED1=LED2=1;
    SCON=0x50;          //串口模式 1，允许接收
    TMOD=0x20;          //T1 工作模式 2
    TH1=0xfd;        //波特率 9 600
    TL1=0xfd;
    PCON=0x00;          //波特率不倍增
    RI=TI=0;
    TR1=1;
    IE=0x90;
    while(1)
    {
        DelayMS(100);
        if(K2==0)
        {
            while(K2==0);
            NumX=++NumX%11;//产生 0~10 范围内的数字
            SBUF=NumX;
            while(TI==0);
            TI=0;
        }
    }
}
void Serial_INT() interrupt 4
{
    if(RI)      //若收到，则 LED 动作
    {
        RI=0;
        switch(SBUF)    //根据所收到的不同命令字符完成不同动作
        {
            case 'X':   LED1=LED2=1;break;          //全灭
            case 'A':   LED1=0;LED2=1;break;    //LED1 亮
            case 'B':   LED2=0;LED1=1;break;    //LED2 亮
            case 'C':   LED1=LED2=0;            //全亮
        }
    }
}
```

8.4　习　　题

1. 什么是异步串行传输，什么是同步串行传输，各有什么优缺点？

2. 80C51 单片机串行口有几种工作方式？如何选择？简述其特点。

3. 串行通信的接口标准有哪几种？

4. 在串行通信中通信速率与传输距离之间的关系如何？

5. 简述 PCON 和 SCON 与串口通信的关系。

6. 简述多机通信与 SCON 寄存器 SM2 位的关系。

7. 串口通信波特率发生器的时钟来源有哪些？T0 能不能作为串口通信波特率发生器的时钟来源？

8. 为什么计数/定时器用作串口通信波特率发生器时要采用方式 2？若已知时钟频率、通信波特率，如何计算其初值？

第 9 章　常用外部显示接口芯片

9.1　字符型 LCD 显示器接口技术

液晶显示（LCD）是单片机应用系统的一种常用人机接口形式，其优点是体积小、重量轻、功耗低。字符型 ICD 主要用于显示数字、字母、简单图形符号及少量自定义符号。本节介绍目前在单片机应用系统中广泛使用的字符型模块 LCD1602 的使用方法。

9.1.1　LCD1602 模块的外形及引脚

LCD1602 模块采用 16 引脚接线，其外形如图 9.1 所示。

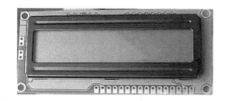

图 9.1　LCD1602 模块的外型

引脚 1：接地引脚 V_{ss}。

引脚 2：接+5 V 电源引脚 V_{DD}。

引脚 3：VL，对比度调整端。通常接地，此时对比度最高。

引脚 4：RS，数据 / 命令寄存器选择端。高电平选择数据寄存器，低电平选择命令寄存器。

引脚 5：RW，读/写选择端。高电平时读操作，低电平时写操作。

引脚 6：E，使能端。当由高电平跳变成低电平时，液晶模块执行命令。

引脚 7~14：D0~D7，8 位双向数据线。

引脚 15、16：背光正极 BLA 和背光负极 BLK。

9.1.2　LCD1602 模块的组成

LCD1602 模块由控制器 HD44780、驱动器 HD44100 和液晶板组成，如图 9.2 所示。

HD44780 是液晶显示控制器，它可以驱动单行 16 字符或 2 行 8 字符。对于 2 行 16 字符的显示要增加 HD44100 驱动器。

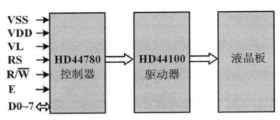

图 9.2　LCD1602 模块的组成

HD44780 由字符发生器 CGROM、定义字符发生器 CGRAM 和显示缓冲区 DDRAM 组成。字符发生器 CGROM 存储了不同的点阵字符图形，包括数字、英文字母的大小写字符、常用的符号字符等，每一个字符都有一个固定的代码，LCD1602 的 CGROM 字符表如图 9.3 所示。

图 9.3　LCD1602 的 CGROM 字符表

自定义字符发生器 CGRAM 可由用户自己定义 8 个 5×7 字型。当地址的高 4 位为 0000 时，对应 CGRAM 空间（0000x000B~0000x111B）。每个字型由 8 个字节编码组成，且每个字节编码用到了低 5 位（4~0 位）。要显示的点用 1 表示，不显示的点用 0 表示。最后一个字节编码要留给光标，所以通常是 0000 0000 B。

在程序初始化时要先将各字节编码写入到 CGRAM 中，然后就可以如同 CGROM 一样使用这些自定义字型了。图 9.4 为自定义字符 "±" 的构造示例。

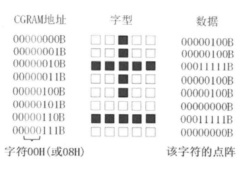

图 9.4　自定义字符 "±" 的构造示例

DDRAM 有 80 个单元，但第 1 行仅用 00H~0FH 单元，第 2 行仅用 40H~4FH 单元。DDRAM 地址与显示位置的关系如图 9.5 所示。DDRAM 单元存放的是要显示的字符的编码（ASCII 码），控制器以该编码为索引，到 CGROM 或 CGRAM 中取点阵字型送液晶板显示。

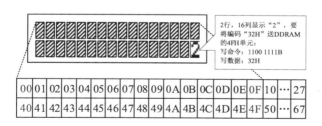

图 9.5　DDRAM 地址与显示位置的关系

9.1.3　LCD1602 模块的命令

LCD1602 模块的控制是通过 11 条操作命令完成的，这些命令如表 9.1 所示。

表 9.1 LCD1602 的操作命令

序号	指令	RS	R/W	D7	D6	D5	D4	D3	D2	D1	D0
1	清屏	0	0	0	0	0	0	0	0	0	1
2	光标归位	0	0	0	0	0	0	0	0	1	*
3	输入模式设置	0	0	0	0	0	0	0	1	I/D	S
4	显示与不显示设置	0	0	0	0	0	0	1	D	C	B
5	光标或屏幕内容移位选择	0	0	0	0	0	1	S/C	R/L	*	*
6	功能设置	0	0	0	0	1	DL	N	F	*	*
7	CGRAM 地址设置	0	0	0	1	CGRAM 地址					
8	DDRAM 地址设置	0	0	1	DDRAM 地址						
9	读忙标志和计数器地址设置	0	1	BF	计数器地址						
10	写 DDRAM 或 CGROM	1	0	要写的数据							
11	读 DDRAM 或 CGROM	1	1	读出的数据							

命令 1：清屏（DDRAM 全写空格）。光标回到屏幕左上角，地址计数器设置为 0。

命令 2：光标归位。光标回到屏幕左上角。

命令 3：输入模式设置，用于设置每写入一个数据字节后，光标的移动方向及字符是否移动。I/D：光标移动方向，S：全部屏幕。当 I/D=0，S=0 时，光标左移一格且地址计数器减 1；当 I/D=1，S=0 时，光标右移一格且地址计数器加 1，当 I/D=0，S=1 时，屏幕内容全部右移一格，光标不动；当 I/D=1，S=1 时，屏幕内容全部左移一格，光标不动。

命令 4：显示与不显示设置。D：显示的开与关，为 1 表示开显示，为 0 表示关显示。C：光标的开与关，为 1 表示有光标，为 0 表示无光标。B：光标是否闪烁，为 1 表示闪烁，为 0 表示不闪烁。

命令 5：光标或屏幕内容移位选择。S/C：为 1 时移动屏幕内容，为 0 时移动光标。R/L：为 1 时右移，为 0 时左移。

命令 6：功能设置。DL：为 0 时设为 4 位数据接口，为 1 时设为 8 位数据接口。N：为 0 时单行显示，为 1 时双行显示。F：为 0 时显示 5×7 点阵，为 1 时显示 5×10 点阵。

命令 7：CGRAM 地址设置，地址范围为 00H~3FH（共 64 个单元，对应 8 个自定义字符）。

命令 8：DDRAM 地址设置，地址范围为 00H~7FH。

命令 9：读忙标志和计数器地址。BF：忙标志，为 1 表示忙，此时模块不能接收命令或者数据，为 0 表示不忙。计数器地址范围为 00H~7FH。

命令 10：写 DDRAM 或 CGROM。要配合地址设置命令。

命令 11：读 DDRAM 或 CGROM。要配合地址设置命令。

LCD1602 模块使用时要先进行初始化，初始化内容为：

- 清屏；
- 功能设置；
- 显示与不显示设置；
- 输入模式设置。

9.1.4　LCD1602 模块应用举例

图 9.4 为单片机与 LCD1602 模块的接口电路，编写程序实现在 LCD 模块上显示相应字符串的程序。

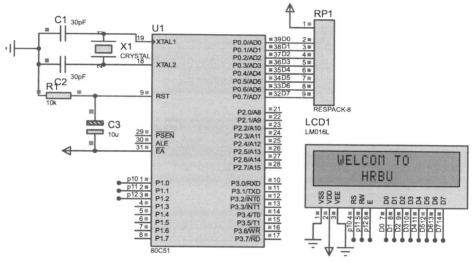

图 9.4　单片机与 LCD1602 模块的接口电路

参考源程序如下。这里 LCD 将显示两行字符，第一行为"WELCOM TO"，第二行为"HRBU"。在 LCD 初始化阶段用到了 4 条命令，分别是命令 6（这里设置为 0x38，代表 2 行，8 位，5×7 点阵）、命令 4（这里设置为 0x0c，代表开显示，关光标，不闪烁）、命令 3（这里设置为 0x06，代表光标右移一格且地址计数器加 1）和命令 1（命令符为 0x01，代表清显示）。

```
#include<reg51.h>
#include<intrins.h>
#define uchar unsigned char
#define uint unsigned int
sbit LCD_RS=P1^0;
sbit LCD_RW=P1^1;
```

```
sbit LCD_EN=P1^2;
uchar code Dispstr1[]={"   WELCOM TO   "};
uchar code Dispstr2[]={"      HRBU   "};
    // 延时函数
void DelayMs(uchar n)
{
    uchar j;
    while(n--)
    for(j=0;j<113;j++);
}
    //写命令函数
void LCD_Wcmd(uchar cmd)
{
    LCD_RS=0;
    LCD_RW=0;
    LCD_EN=1;
    P0=cmd;
    DelayMs(1);
    LCD_EN=0;
}
    //写数据函数
void LCD_Wdat(uchar dat)
{
    LCD_RS=1;
    LCD_RW=0;
    LCD_EN=1;
    P0=dat;
    DelayMs(1);
    LCD_EN=0;
}
    //LCD1602 初始化函数
void LCD_Init()
{
    DelayMs(10);
    LCD_Wcmd(0x38);     //2 行，8 位，5×7 点阵
    DelayMs(10);
    LCD_Wcmd(0x0c);       //开显示，关光标
    DelayMs(10);
    LCD_Wcmd(0x06);        //光标右移一格且地址计数器加 1
    DelayMs(10);
    LCD_Wcmd(0x01);       //清显示
    DelayMs(10);
}
    //指定显示位置函数
void LCD_GoXY(uchar x, uchar y)
{
    if(y==0x01)
    LCD_Wcmd(x|0x80);
```

```
        if(y==0x02)
        LCD_Wcmd(x|0xc0);
}
        //写字符串函数
void LCD_Wstr(uchar str[])
{
        uchar num=0;
        while(str[num])
        {
            LCD_Wdat(str[num++]);
            DelayMs(200);
        }
}
        //主函数
void main()
{
        P0=0xff;
        DelayMs(100);
        LCD_Init();
        while(1)
        {
            LCD_GoXY(0,1);
            LCD_Wstr(Dispstr1);
            LCD_GoXY(0,2);
            LCD_Wstr(Dispstr2);
            DelayMs(2000);
            LCD_Wcmd(0x01);
            DelayMs(10);
        }
}
```

9.2　点阵型 LCD 显示器接口技术

上一节我们学习了如何在 LCD1602 上显示字符数据，我们知道 LCD1602 是字符型显示器，它不能显示汉字图形等。对于需要显示汉字或图形的项目，LCD1602 无法实现，因此本节就来介绍一个可以实现字符、汉字、图形等显示的液晶屏：LCD12864。LCD12864 分为带字库和不带字库两种。本节为了更好的理解点阵型 LCD 的原理，我们以不带字库的 LCD12864 为例进行讲解。

9.2.1　LCD12864 介绍

LCD12864 液晶屏在结构上与 LCD1602 一样，只是在行列数与显示像素上的区别很大。LCD12864 是 64 行 128 列，当然也有可能会设计成 64 列 128 行。这里的行列不像 LCD1602 那样，LCD1602 是按照八行四列标准英文字符格式设计的，以 1 行 16 个字符，2 列字符命名，而 LCD12864 是以 128 列像素，64 行像素，也就是有 128*64 个像素点组成。就好比是 128 列 64 行的点阵，需要一行一列的去显示像素点。

通常显示一个汉字需要 16*16 个像素点，所以 LCD12864 一行最多显示 8 个汉字，最多能显示 4 行。通常显示一个字符需要 8*8 个像素点，所以 LCD12864 一行最多能显示 16 个字符，最多能显示 8 行。当然这个是不依 靠取模软件的显示情况，如果通过取模软件取模，然后用 LCD12864 的 128*64 个像素点来显示，显示的内容就可能超过之前的。就拿字符来说，可以选择小号字体，通过取模软件将字符数据取出，然后将这些数据通过在 对点上点亮或熄灭来实现不同字体的显示。图像的显示原理也是这样。

常用的 LCD12864 分为带字库和不带字库两种，对于带字库 LCD12864，最常见的标志就是在屏幕背后会有存放字库的芯片

9.2.2　LCD12864 引脚及定义

本次所使用的显示屏为 AMPIRE 128x64 Graphical LCD with KS0108 controllers。其本身不带字库，要想显示字符，需要用取模软件自制字库。LCD12864 的引脚如图 9.5 所示。

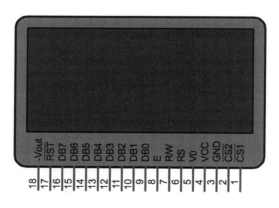

图 9.5　LCD12864 的引脚

LCD12864 显示屏分左右两个半屏，分别由两片控制器控制，控制引脚 为 CS1 和 CS2，每个控制器内部有 64*64 位（512 B）RAM 缓存区。每个 半屏有 8 页、64 列，每页包含 8 行。显示一个中文字符需要 16*16 个点，则整个显示屏可显示 32 个中文字符（每两页显示 1 行中文字符，每行 8 个，可显示 4 行）。其引脚及其功能描述如表 9.2 所示。

表 9.2　LCD12864 引脚及其功能

引脚号	名称	引脚功能描述
1	CS1	片选 1（左半屏）
2	CS2	片选 2（右半屏）
3	GND	地
4	V_{CC}	电源
5	V0	对比度调整
6	RS	数据/命令，RS=0 为指令，RS=1 为数据
7	R/W	读/写端，R/W=0 为写，R/W=1 为读
8	E	使能端
9~16	DB0~DB7	8 位三态数据线
17	RST	复位端，低电平有效
18	-Vout	LCD 驱动负电压输出

9.2.3　LCD12864 操作指令

LCD12864 的指令如表 9.3 所示，包括显示开关控制、设置显示起始行、设置页面地址、设置列地址、读取状态字、写显示数据、读显示数据等操作。

表 9.3　LCD12864 的指令

指令	指令码									
	RS	R/W	D7	D6	D5	D4	D3	D2	D1	D0
显示开关设置	0	0	0	0	1	1	1	1	1	D
显示起始行设置	0	0	1	1	L5	L4	L3	L2	L1	L0
页面地址设置	0	0	1	0	1	1	1	P2	P1	P0
列地址设置	0	0	0	1	C5	C4	C3	C2	C1	C0
读取状态字	0	1	BUSY	0	ON/OFF	RST	0	0	0	0
写显示数字	1	0	数据							
读显示数字	1	1	数据							

1．显示开关设置

D=0 为显示关（指令为 0x3F），D=1 为显示开（指令为 0x3E）。显示的开与关不影响显示存储器（DDRAM）的内容。

2．显示起始行设置

L5~L0 为显示起始行的地址，可表示 1~64 行（当 L5~L0 为 0 时，指令为 0xC0）。执行该命令后，所设置的行将显示在屏幕第一行。显示起始行存储在 Z 地址计数器中，具有循环计数功能，每扫描一行就自动加一。若定时长、等间距地修改该指令（加一或减一等），显示屏内容将呈现向上或向下平滑滚动的显示效果。

3．页面地址设置

P2~P0 为页地址，可表示 1~8 页（当 P2~P0 为 0 时，指令为 0xB8）。该指令规定以后的读写操作将在哪一页进行，除非重新设置该地址，否则均在该页进行。页地址存储在页面（X）地址计数器中，读写数据对页地址没有影响。

4．列地址设置

C5~C0 为列地址，可表示 1~64 列（当 C5~C0 为 0 时，指令为 0x40）。执行该指令后，随后的读写操作将在该列进行。列地址存储在列（Y）地址计数器中，其具有自动加一功能，每一次读写数据后它都将自动加一。在进行连续读写时，列地址只需设置一次即可。

5．读取状态字

BUSY=1 表示控制器正在处理指令或数据，不再接受除读状态字外的任何操作，单片机需等待；BUSY=0 表示控制器准备就绪，可接受指令。ON/OFF=1 表示显示状态为关状态；ON/OFF=0 表示显示状态为开状态。RESET=1 表示显示屏处于复位状态；RESET=1 表示显示屏处于正常工作状态。

6．写显示数据

写数据：RS=1，R/W=0，D0~D7 为数据，E 在下降沿时写入数据。

7．读显示数据

读数据：RS=1，R/W=1，D0~D7 为数据，E 在下降沿时写入数据。

这里我们基于 80C51 单片机和 LCD12864 设计一个汉字显示系统，这里 LCD12864 在选择元器件界面：Optoelectronics→ Graphical LCDs，然后在右侧的结果中选择 LCD12864。基于 LCD12864 的汉字显示系统电路如图 9.6 所示。

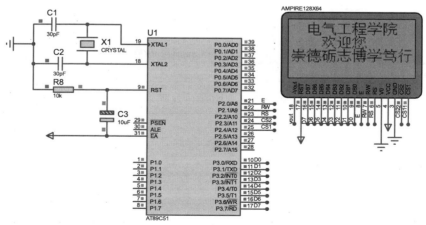

图 9.6　基于 LCD12864 的汉字显示系统电路

参考源程序为：

```
#include <reg51.h>
#define RSsp_Off    0x3e
#define RSsp_On     0x3f
#define PageAddress     0xb8   // 参照行设置指令
#define ColAddress      0x40//参照列设置指令
#define Start_Line      0xC0//参照起始行设置指令
        //液晶显示器的端口定义/
sbit CS1=P2^4 ;     /*片选 1*/
sbit CS2=P2^3 ;     /*片选 2*/
sbit RS=P2^2 ;      /*数据/指令 选择*/
sbit RW=P2^1 ;      /*读/写 选择*/
sbit EN=P2^0 ;      /*读/写 使能*/
        //显示汉字的数组 1
unsigned char code Line1[]=
{
0x00,0x00,0x00,0x00,0x00,0x00,0x00,0x00,0x00,0x00,0x00,0x00,0x00,0x00,0x00,0x00,
0x00,0x00,0x00,0x00,0x00,0x00,0x00,0x00,0x00,0x00,0x00,0x00,0x00,0x00,0x00,0x00,
/*-- 文字： 电  --*/
/*-- 宋体 12; 此字体下对应的点阵为： 宽 x 高=16x16    --*/
0x00,0x00,0xF8,0x88,0x88,0x88,0x88,0xFF,0x88,0x88,0x88,0x88,0xF8,0x00,0x00,0x00,
0x00,0x00,0x1F,0x08,0x08,0x08,0x08,0x7F,0x88,0x88,0x88,0x88,0x9F,0x80,0xF0,0x00,
/*-- 文字： 气  --*/
/*-- 宋体 12; 此字体下对应的点阵为： 宽 x 高=16x16    --*/
0x20,0x10,0x4C,0x47,0x54,0x54,0x54,0x54,0x54,0x54,0x54,0xD4,0x04,0x04,0x00,0x00,
0x00,0x00,0x00,0x00,0x00,0x00,0x00,0x00,0x00,0x00,0x00,0x0F,0x30,0x40,0xF0,0x00,
/*-- 文字： 工  --*/
/*-- 宋体 12; 此字体下对应的点阵为： 宽 x 高=16x16    --*/
0x00,0x04,0x04,0x04,0x04,0x04,0x04,0xFC,0x04,0x04,0x04,0x04,0x04,0x04,0x00,0x00,
0x20,0x20,0x20,0x20,0x20,0x20,0x20,0x3F,0x20,0x20,0x20,0x20,0x20,0x20,0x20,0x00,
/*-- 文字： 程  --*/
/*-- 宋体 12; 此字体下对应的点阵为： 宽 x 高=16x16    --*/
0x24,0x24,0xA4,0xFE,0x23,0x22,0x00,0x3E,0x22,0x22,0x22,0x22,0x22,0x3E,0x00,0x00,
0x08,0x06,0x01,0xFF,0x01,0x06,0x40,0x49,0x49,0x49,0x7F,0x49,0x49,0x49,0x41,0x00,
/*-- 文字： 学  --*/
/*-- 宋体 12; 此字体下对应的点阵为： 宽 x 高=16x16    --*/
0x40,0x30,0x11,0x96,0x90,0x90,0x91,0x96,0x90,0x90,0x98,0x14,0x13,0x50,0x30,0x00,
0x04,0x04,0x04,0x04,0x04,0x44,0x84,0x7E,0x06,0x05,0x04,0x04,0x04,0x04,0x04,0x00,
/*-- 文字： 院  --*/
/*-- 宋体 12; 此字体下对应的点阵为： 宽 x 高=16x16    --*/
0x00,0xFE,0x22,0x5A,0x86,0x10,0x0C,0x24,0x24,0x25,0x26,0x24,0x24,0x14,0x0C,0x00,
0x00,0xFF,0x04,0x08,0x07,0x80,0x41,0x31,0x0F,0x01,0x01,0x3F,0x41,0x41,0x71,0x00,
0x00,0x00,0x00,0x00,0x00,0x00,0x00,0x00,0x00,0x00,0x00,0x00,0x00,0x00,0x00,0x00,
0x00,0x00,0x00,0x00,0x00,0x00,0x00,0x00,0x00,0x00,0x00,0x00,0x00,0x00,0x00,0x00,
};
```

```
        //显示的汉字数组 2
unsigned char code Line2[]=
{
0x00,0x00,0x00,0x00,0x00,0x00,0x00,0x00,0x00,0x00,0x00,0x00,0x00,0x00,0x00,0x00,
0x00,0x00,0x00,0x00,0x00,0x00,0x00,0x00,0x00,0x00,0x00,0x00,0x00,0x00,0x00,0x00,
0x00,0x00,0x00,0x00,0x00,0x00,0x00,0x00,0x00,0x00,0x00,0x00,0x00,0x00,0x00,0x00,
0x00,0x00,0x00,0x00,0x00,0x00,0x00,0x00,0x00,0x00,0x00,0x00,0x00,0x00,0x00,0x00,
        /*-- 文字:  欢  --*/
/*--  宋体 12;  此字体下对应的点阵为:宽 x 高=16x16    --*/
0x04,0x24,0x44,0x84,0x64,0x9C,0x40,0x30,0x0F,0xC8,0x08,0x08,0x28,0x18,0x00,0x00,
0x10,0x08,0x06,0x01,0x82,0x4C,0x20,0x18,0x06,0x01,0x06,0x18,0x20,0x40,0x80,0x00,
/*--  文字:  迎  --*/
/*--  宋体 12;  此字体下对应的点阵为:宽 x 高=16x16    --*/
0x40,0x40,0x42,0xCC,0x00,0x00,0xFC,0x04,0x02,0x00,0xFC,0x04,0x04,0xFC,0x00,0x00,
0x00,0x40,0x20,0x1F,0x20,0x40,0x4F,0x44,0x42,0x40,0x7F,0x42,0x44,0x43,0x40,0x00,
/*--  文字:  您  --*/
/*--  宋体 12;  此字体下对应的点阵为:宽 x 高=16x16    --*/
0x20,0x10,0x08,0xFC,0x23,0x10,0x88,0x67,0x04,0xF4,0x04,0x24,0x54,0x8C,0x00,0x00,
0x40,0x30,0x00,0x77,0x80,0x81,0x88,0xB2,0x84,0x83,0x80,0xE0,0x00,0x11,0x60,0x00,
0x00,0x00,0x00,0x00,0x00,0x00,0x00,0x00,0x00,0x00,0x00,0x00,0x00,0x00,0x00,0x00,
0x00,0x00,0x00,0x00,0x00,0x00,0x00,0x00,0x00,0x00,0x00,0x00,0x00,0x00,0x00,0x00,
0x00,0x00,0x00,0x00,0x00,0x00,0x00,0x00,0x00,0x00,0x00,0x00,0x00,0x00,0x00,0x00,
0x00,0x00,0x00,0x00,0x00,0x00,0x00,0x00,0x00,0x00,0x00,0x00,0x00,0x00,0x00,0x00,
0x00,0x00,0x00,0x00,0x00,0x00,0x00,0x00,0x00,0x00,0x00,0x00,0x00,0x00,0x00,0x00,
0x00,0x00,0x00,0x00,0x00,0x00,0x00,0x00,0x00,0x00,0x00,0x00,0x00,0x00,0x00,0x00,
};
        //显示的汉字数组 3
unsigned char code Line3[]=
{
/*--  文字:  崇  --*/
/*--  宋体 12;  此字体下对应的点阵为:宽 x 高=16x16    --*/
0x00,0xC0,0x4E,0x48,0x48,0x48,0x58,0x6F,0x48,0x48,0x48,0x48,0x4E,0x40,0xC0,0x00,
0x01,0x44,0x24,0x15,0x05,0x45,0x85,0x7D,0x05,0x05,0x05,0x15,0x24,0x45,0x00,0x00,
/*--  文字:  德  --*/
/*--  宋体 12;  此字体下对应的点阵为:宽 x 高=16x16    --*/
0x10,0x88,0xC4,0x33,0x04,0xF4,0x94,0x94,0xF4,0x9F,0xF4,0x94,0x94,0xF4,0x04,0x00,
0x01,0x00,0xFF,0x00,0x42,0x32,0x02,0x72,0x82,0x86,0x9A,0x82,0xE2,0x0A,0x32,0x00,
/*--  文字:  砺  --*/
/*--  宋体 12;  此字体下对应的点阵为:宽 x 高=16x16    --*/
0x04,0x84,0xE4,0x5C,0x44,0xC4,0x00,0xFE,0x22,0x22,0xE2,0x22,0x22,0x22,0x22,0x00,
0x02,0x01,0x3F,0x10,0x10,0x9F,0x60,0x1F,0x80,0x60,0x1F,0x41,0x81,0x7F,0x00,0x00,
/*--  文字:  志  --*/
/*--  宋体 12;  此字体下对应的点阵为:宽 x 高=16x16    --*/
0x08,0x08,0x88,0x88,0x88,0x88,0x88,0xFF,0x88,0x88,0x88,0x88,0x88,0x08,0x08,0x00,
0x40,0x38,0x00,0x00,0x3C,0x40,0x40,0x42,0x4C,0x40,0x40,0x70,0x04,0x08,0x30,0x00,
/*--  文字:  博  --*/
```

```
/*--   宋体 12;   此字体下对应的点阵为：宽 x 高=16x16    --*/
0x20,0x20,0xFF,0x20,0x24,0xF4,0x54,0x54,0x54,0xFF,0x54,0x55,0x56,0xF4,0x04,0x00,
0x00,0x00,0xFF,0x00,0x08,0x0B,0x19,0x69,0x09,0x0B,0x49,0x89,0x7D,0x0B,0x08,0x00,
/*--   文字:   学   --*/
/*--   宋体 12;   此字体下对应的点阵为：宽 x 高=16x16    --*/
0x40,0x30,0x11,0x96,0x90,0x90,0x91,0x96,0x90,0x90,0x98,0x14,0x13,0x50,0x30,0x00,
0x04,0x04,0x04,0x04,0x04,0x44,0x84,0x7E,0x06,0x05,0x04,0x04,0x04,0x04,0x04,0x00,
/*--   文字:   笃   --*/
/*--   宋体 12;   此字体下对应的点阵为：宽 x 高=16x16    --*/
0x20,0x10,0x2C,0xA7,0x2C,0x34,0x24,0x34,0x28,0x27,0x24,0xEC,0x14,0x04,0x04,0x00,
0x00,0x10,0x10,0x13,0x12,0x12,0x12,0x12,0x12,0x12,0x52,0x83,0x42,0x3E,0x00,0x00,
/*--   文字:   行   --*/
/*--   宋体 12;   此字体下对应的点阵为：宽 x 高=16x16    --*/
0x00,0x10,0x88,0xC4,0x33,0x00,0x40,0x42,0x42,0x42,0xC2,0x42,0x42,0x42,0x40,0x00,
0x02,0x01,0x00,0xFF,0x00,0x00,0x00,0x00,0x40,0x80,0x7F,0x00,0x00,0x00,0x00,0x00,
};
          //函数功能:LCD 延时程序
      void DelayMs(unsigned int t)
      {
          unsigned int i,j;
          for(i=0;i<t;i++);
          for(j=0;j<10;j++);
      }
          //状态检查，LCD 是否忙
      void CheckState ()
      {
      unsigned char dat, DATA;//状态信息（判断是否忙）
      RS=0; // 数据\指令选择，D/I（RS）="L"，表示 DB7~DB0 为显示指令数据
      RW=1; //R/W="H"，E="H"数据被读到 DB7~DB0
      do
      {
          DATA=0x00;
          EN=1;    //EN 下降源
          DelayMs(2);//延时
          dat=DATA;
          EN=0;
          dat=0x80 & dat; //仅当第 7 位为 0 时才可操作(判别 busy 信号)
      }
      while(!(dat==0x00));
      }
      /*写命令到 LCD 程序，RS(DI)=L,RW=L,EN=H，即来一个脉冲写一次入口参数*/
      void Write_com(unsigned char cmdcode)
      {
      CheckState();//检测 LCD 是否忙
          RS=0;
          RW=0;
          P3=cmdcode;
```

```
        DelayMs(2);
        EN=1;
        DelayMs(2);
        EN=0;
}
        //LCD 初始化程序
void LCD_Init()
{
        DelayMs(100);
        CS1=1;//刚开始关闭两屏
        CS2=1;
        DelayMs(100);
        Write_com(RSsp_Off);        //写初始化命令
        Write_com(PageAddress+0);
        Write_com(Start_Line+0);
        Write_com(ColAddress+0);
        Write_com(RSsp_On);
}
        /*写数据到 LCD 程序，RS(DI)=H,RW=L,EN=H，*/
void Write_data(unsigned char RSspdata)
{
    CheckState();//检测 LCD 是否忙
        RS=1;
        RW=0;
        P3=RSspdata;
        DelayMs(2);
        EN=1;
        DelayMs(2);
        EN=0;
}
        //清除 LCD 内存程序
void Clr_Scr()
{
        unsigned char j,k;
        CS1=0; //左、右屏均开显示
        CS2=0;
        Write_com(PageAddress+0);
        Write_com(ColAddress+0);
        for(k=0;k<8;k++)        //控制页数 0~7，共 8 页
        {
                Write_com(PageAddress+k);        //每页每页进行写
                for(j=0;j<64;j++)    //每页最多可写 32 个中文文字或 64 个 ASCII 字符
                {
                        Write_com(ColAddress+j);
                        Write_data(0x00);        //控制列数 0~63，共 64 列，列地址自动加 1
                }
        }
```

```
        }
            //左屏位置显示
void Display_Left(unsigned char page,unsigned char column, unsigned char code *Line)
        {
            unsigned char j=0,i=0,k=0;
            for(k=0;k<4;k++)
        {
            for(j=0;j<2;j++)
            {
              Write_com(PageAddress+page+j);
              Write_com(ColAddress+column+16*k);
              for(i=0;i<16;i++)
                Write_data(Line[16*j+i+32*k]);
            }
        }
        }
            //右屏位置显示
void Display_Right(unsigned char page,unsigned char column, unsigned char code *Line)
        {
            unsigned char j=0,i=0,k=0;
            for(k=0;k<4;k++)
        {
            for(j=0;j<2;j++)
            {
              Write_com(PageAddress+page+j);
              Write_com(ColAddress+column+16*k);
              for(i=0;i<16;i++)
                Write_data(Line[16*j+i+32*k+128]);
            }
        }
        }
            //  主函数
        void main()
        {
            LCD_Init();
            Clr_Scr();
            CS1=0; //左屏开显示
            CS2=1;
            Display_Left(0,0,Line1);// Line1 为某个汉字的首地址
            Display_Left(2,0,Line2);
            Display_Left(4,0,Line3);
            CS1=1; //右屏开显示
            CS2=0;
            Display_Right(0,0,Line1);
            Display_Right(2,0,Line2);
            Display_Right(4,0,Line3);
                while(1);
        }
```

这里我们利用了汉字字模提取软件将要显示的汉字进行了字形码的提取，我们用到的字模提取软件的界面如图 9.7 所示。

图 9.7　字模提取软件的界面

首先打开软件，选"参数设置"选项，点文字输入区进行字体选择，可设定不同的字体，字形、以及大小和效果，如图 9.8 所示。

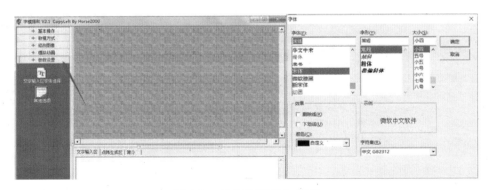

图 9.8　"参数设置"界面

点选"其他选项"，这里可以设置选择取模的方式、字节的顺序等，这里选择的为"纵向取模"，点击"确定"返回，如图9.9所示。

图 9.9　"其他选项"界面

在文字输入区输入的文字可以多行输入，每一行的文字数目不限。文字输入完毕后，用 Ctrl+Enter 结束输入，文字输入区如图 9.10 所示。然后点击取模方式：选择取模方式为 C51 语言格式，在点阵生成区即获得所输入汉字的字形码，点阵生成区如图 9.11 所示，复制到开发程序中即可。

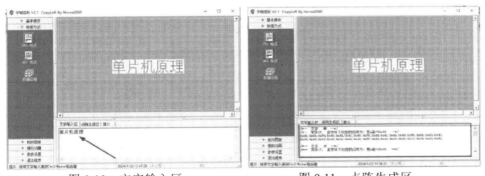

图 9.10　文字输入区　　　　　　图 9.11　点阵生成区

另外，LCD12864 除了显示汉字外，还以显示点阵图片，其显示原理是一致的，只需在源程序中放入图片的转换码即可，而图片的转换码也通过字模提取软件完成。在字模提取软件中点"打开图像图标"，选中要取模的图片，这里只支持 bmp\ico 格式的图片。然后按照之前讲述的汉字获得字形码的方法获得图片的转换码即可。"打开图像图标"的位置如图 9.12 所示。

图 9.12 "打开图像图标"的位置

本节图 9.6 所示的 LCD12864 的汉字显示系统电路图，在适当地修改源程序和导入相应的图片转换码后就可实现图片的显示，LCD12864 显示图片示意图如图 9.13 所示。

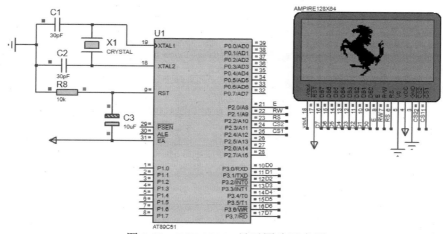

图 9.13 LCD12864 显示图片示意图

9.3 点阵型 LED 显示器接口技术

点阵型 LED 是一种由许多小型发光二极管（LED）排列成矩阵的显示器件，通过行扫描和列驱动的方式控制。每个 LED 作为一个像素，通过在特定时刻激活一行并设置与之相连的列的状态形成连续的图像或显示文本。通过调整列驱动信号的强度或占空比，可以实现 LED 的亮度调节，而整个显示的控制则由连接的控制电路负责。这种设计使得点阵型 LED 广泛应用于数字显示、信息提示和图形展示等领域。图 9.14 为 8×8 点阵型 LED 的实物图和内部连接示意图。

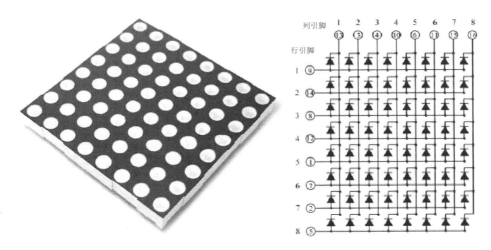

图 9.14　8×8 点阵型 LED 的实物图和内部连接示意图

8×8 单色点阵共由 64 个发光二极管组成，且每个二极管都放置在行线与列线的交叉点上。当行上有一正选通信号时，列选端八位数据为 0 的发光二极管便导通点亮。这样只需要将图形或文字的显示编码作为列信号跟对应的行信号进行逐次扫描，就可以逐行点亮点阵。由于点阵型 LED 的引脚数量较多，因此在实际应用时大都是利用发光 LED 的余晖现象和人眼视觉暂留效应进行动态显示。

图 9.15 为基于 80C51 单片机和 8×8 单色点阵型 LED 设计的循环显示数字 0~9 的电路。电路中采用 74LS245 芯片，它是一款常用的八位双向总线收发器集成电路，属于 TTL 家族。它具有方向控制引脚和三态输出，可在两个独立总线之间实现双向数据传输，并不改变输出逻辑，在这个电路中它

的主要作用为增大驱动能力，确保点阵型 LED 点阵显示的亮度。

这里点阵型 LED 显示的数字 0~9 的字形码也是利用上一节使用字模提取软件获得的。获得方法为：首先点击软件界面中的基本操作，再点击新建图像，然后输入宽度和高度均为 8，选择 8×8 示意图如图 9.16 所示。再点击模拟动画→放大格点，放大到适合窗口，然后在右侧的白色区域内点击想要显示的数字，这里以"1"为例展示，数字 1 取模示意图如图 9.17 所示。再按照前文所述的点击取模模式为 C51 语言模式即可获得 8×8 点阵 LED 显示"1"的字形码，其他数字的操作也类似，区别在于在白色区域点击的数字形状。

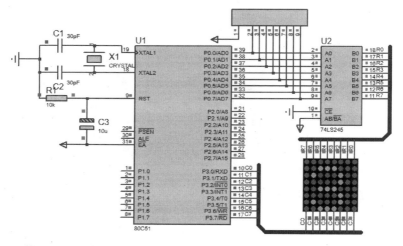

图 9.15　基于 80C51 单片机和 8×8 单色点阵型 LED 设计的循环显示数字 0~9 的电路

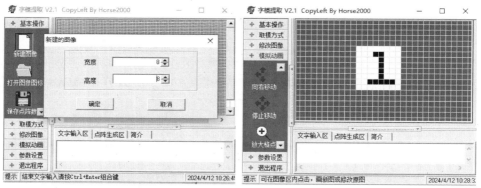

图 9.16　选择 8×8 示意图　　　　图 9.17　数字 1 取模示意图

参考源程序为：

```c
/*    名称：8X8LED 点阵显示数字
说明：8X8LED 点阵屏循环显示数字 0~9，刷新过程由定时器中断完成。*/
#include<reg51.h>
#include<intrins.h>
#define uchar unsigned char
#define uint unsigned int
uchar code Table_of_Digits[]=
{
    0x00,0x3e,0x41,0x41,0x41,0x3e,0x00,0x00,    //0
    0x00,0x00,0x00,0x21,0x7f,0x01,0x00,0x00,    //1
    0x00,0x27,0x45,0x45,0x45,0x39,0x00,0x00,    //2
    0x00,0x22,0x49,0x49,0x49,0x36,0x00,0x00,    //3
    0x00,0x0c,0x14,0x24,0x7f,0x04,0x00,0x00,    //4
    0x00,0x72,0x51,0x51,0x51,0x4e,0x00,0x00,    //5
    0x00,0x3e,0x49,0x49,0x49,0x26,0x00,0x00,    //6
    0x00,0x40,0x40,0x40,0x4f,0x70,0x00,0x00,    //7
    0x00,0x36,0x49,0x49,0x49,0x36,0x00,0x00,    //8
    0x00,0x32,0x49,0x49,0x49,0x3e,0x00,0x00     //9
};
uchar i=0,t=0,Num_Index;
    //主程序
void main()
{
    P3=0x80;
    Num_Index=0;             //从 0 开始显示
    TMOD=0x00;               //T0 方式 0
    TH0=(8192-2000)/32;      //2 ms 定时
    TL0=(8192-2000)%32;
    IE=0x82;
    TR0=1;                   //启动 T0
    while(1);
}
    //T0 中断函数
void LED_Screen_Display() interrupt 1
{
    TH0=(8192-2000)/32;      //恢复初值
    TL0=(8192-2000)%32;
    P0=0xff;                 //输出位码和段码
    P0=~Table_of_Digits[Num_Index*8+i];
    P3=_crol_(P3,1);
    if(++i==8) i=0;          //每屏一个数字由 8 个字节构成
    if(++t==250)             //每个数字刷新显示一段时间
    {
        t=0;
        if(++Num_Index==10) Num_Index=0; //显示下一个数字
```

```
    }
}
```

由于在点阵型 LED 中 8×8 点阵是一个基础模块，而 8×8 点阵的分辨率显示中文字体是不够的。显示中文字体的最小点阵为 16×16，因此需要将 4 个 8×8 点阵模块联合在一起。另外由于 80C51 单片机的并行口仅仅有 4 组 32 位，在作为多个汉字显示的系统时会出现 I/O 口数量不足的问题。因此结合点阵型 LED 的动态扫描机理和 80C51 单片机串行口扩展并口的特点，对于多汉字显示系统，8.3 节所述的 74HC595 和 74HC154（4-16 译码器/多路复用器）可被引入到点阵型 LED 显示系统中。另外，通过字节的滚动显示也是常用的丰富显示内容的方案。图 9.18 为由 8 块 8×8 点阵组成的16×32 点阵汉字显示系统。

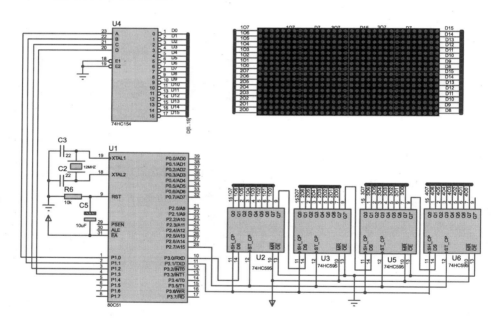

图 9.18　由 8 块 8×8 点阵组成的 16×32 点阵汉字显示系统

参考源程序为：

```
#include <reg51.h>
#define FOSC    12      //定义晶振频率
#define    INIT_TH0 0x3C //定时器 T0 初始值
```

```
#define      INIT_TL0 0xB0
#define      TMOD_T00 0x00
#define      TMOD_T01 0x01
#define      TMOD_T02 0x02
#define      TMOD_T03 0x03
#define uchar unsigned char
#define      uint unsigned int
sbit STTP = P2^7;
    //延时函数
void  delay(uint c);
void  out_rxd(uchar *d);      //汉字输出
```

/************汉字点阵***********/

```
char code hanzi[32][32]=
{
/*-- 文字:  基  --*/
/*-- 宋体 12; 此字体下对应的点阵为:宽 x 高=16x16    --*/
0x00,0x88,0x20,0x88,0x20,0x91,0x20,0xA1,0xFF,0xC9,0x2A,0x89,0x2A,0x89,0x2A,0xBF,
0x2A,0x89,0x2A,0x89,0xFF,0xC9,0x20,0xA1,0x20,0x91,0x20,0x88,0x00,0x88,0x00,0x00,
/*-- 文字:  于  --*/
/*-- 宋体 12; 此字体下对应的点阵为:宽 x 高=16x16    --*/
0x02,0x00,0x02,0x00,0x42,0x00,0x42,0x00,0x42,0x00,0x42,0x02,0x42,0x01,0x7F,0xFE,
0x42,0x00,0x42,0x00,0x42,0x00,0x42,0x00,0x42,0x00,0x02,0x00,0x02,0x00,0x00,0x00,
/*-- 文字:  单  --*/
/*-- 宋体 12; 此字体下对应的点阵为:宽 x 高=16x16    --*/
0x00,0x08,0x00,0x08,0x1F,0xC8,0x92,0x48,0x52,0x48,0x32,0x48,0x12,0x48,0x1F,0xFF,
0x12,0x48,0x32,0x48,0x52,0x48,0x92,0x48,0x1F,0xC8,0x00,0x08,0x00,0x08,0x00,0x00,
/*-- 文字:  片  --*/
/*-- 宋体 12; 此字体下对应的点阵为:宽 x 高=16x16    --*/
0x00,0x00,0x00,0x01,0x00,0x06,0x7F,0xF8,0x04,0x40,0x04,0x40,0x04,0x40,0x04,0x40,
0x04,0x40,0xFC,0x40,0x04,0x7F,0x04,0x00,0x04,0x00,0x04,0x00,0x00,0x00,0x00,0x00,
/*-- 文字:  机  --*/
/*-- 宋体 12; 此字体下对应的点阵为:宽 x 高=16x16    --*/
0x08,0x20,0x08,0xC0,0x0B,0x00,0xFF,0xFF,0x09,0x00,0x08,0xC1,0x00,0x06,0x7F,0xF8,
0x40,0x00,0x40,0x00,0x40,0x00,0x7F,0xFC,0x00,0x02,0x00,0x02,0x00,0x1E,0x00,0x00,
};
```

/***********主函数***********/

```
void main()
{
    uchar i,j,k;
    uint b=0;
    uchar a;
    SCON = 0x00;
    while(1)
    {
        j=0;
        if(a>6)      //移动间隔时间；取值 0~20
        {
            a=0;
            b+=2;
            if(b>=700)//显示到最后一个字，回头显示，判断值=字数*32
             {
                    b=0;
             }
        }
    for(i=0;i<16;i++)
    {
        P1=i;
     for(k=0;k<1;k++)
      {
        STTP = 0;
        out_rxd(&hanzi[3][j+b+1]);
        out_rxd(&hanzi[3][j+b]);
        out_rxd(&hanzi[2][j+b+1]);
        out_rxd(&hanzi[2][j+b]);
        out_rxd(&hanzi[1][j+b+1]);
        out_rxd(&hanzi[1][j+b]);
        out_rxd(&hanzi[0][j+b+1]);
        out_rxd(&hanzi[0][j+b]);
        STTP = 1;
        delay(15);
      }
    j=j+2;
}
```

```
     a++;
  }
}
void delay(uint c)        //延时函数
{
  int i,j;
  for(i=0;i<c;i++)
      for(j=0;j<10;j++) ;
}
void out_rxd(uchar *d)    //汉字输出函数
{
      SBUF = *d;                //启动串行口传送
      while(TI == 0);           //等待串行口传送结束
      TI = 0;                   //将串行口中断标志位置 0
}
```

图 9.19 为 16×32 点阵汉字显示系统运行图，仿真运行后，16×32 点阵汉字显示屏会从右到左移动显示汉字。

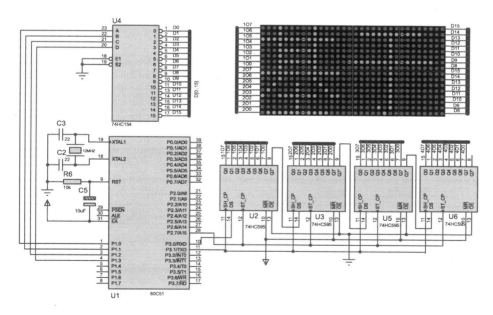

图 9.19　16×32 点阵汉字显示系统运行图

9.4 习　　题

1. 简述 LCD1602 模块的基本组成。

2. 简述 LCD1602 模块的命令集。

3. 编写一个程序，通过 LCD1602 显示器显示"Hello, World!"

4. 解释 LCD12864 液晶显示器的工作原理，并说明其与传统字符型液晶显示器的区别。

5. 描述 LCD12864 液晶显示器的驱动原理。

6. 解释点阵型 LED 的工作原理，包括 LED 发光的机制以及点阵型 LED 的组成结构。

7. 讨论常见的点阵型 LED 显示模式，如静态显示、逐行扫描和逐列扫描，以及它们的优缺点。

8. 分析点阵型 LED 驱动电路的设计原理，包括常见的行列扫描驱动和全局驱动方式。

9. 探讨点阵型 LED 的亮度控制原理，包括 PWM 调光和电流调节等方法。

10. 比较不同类型的点阵型 LED，如常规 LED、RGB LED 和多色 LED 的工作原理和应用场景。

11. 分析点阵型 LED 的显示效果与分辨率之间的关系，以及影响显示清晰度的因素。

第 10 章　单片机与数据转换器的连接

80C51 单片机是一种典型的数字电路系统，其运算以 0 和 1 的数字量为基础。然而，自然界中很多信号是模拟信号，许多传感器输出的信号也是模拟的。这就导致了 80C51 单片机无法直接处理这些输出为模拟信号的传感器数据。为了与这些模拟信号进行有效交互作用，必须将其转换为数字量。

另外，在实际应用中，许多系统需要将 80C51 单片机输出的数字信号转换为模拟信号，以满足一些特定的要求。然而，令人遗憾的是，80C51 单片机内部并不包含模/数或数/模转换的功能单元，因此需要通过外接的模/数或数/模转换芯片来完成这个转换过程。

与此形成鲜明对比的是，如今一些新型单片机架构，比如 STM32 系列，已经内置了模/数和数/模转换单元。这就意味着在这些新型单片机中，可以更加便利地实现模拟信号到数字信号的转换，无需外接额外的转换芯片。这种集成设计不仅提高了系统的整体效率，还增强了系统的灵活性。

本章我们着重介绍 80C51 单片机与模/数和数/模转换芯片连接使用。

10.1　80C51 单片机与 A/D 转换芯片的连接

10.1.1　A/D 转换器简介

A/D 转换器（analog to digital converter，ADC）也称为模数转换器，能够将模拟信号转化为数字信号，其主要技术指标为：

- 分辨率。A/D 转换器的分辨率是指对于允许范围的模拟信号，它能输出离散数字信号值的个数。这些信号通常是用二进制数来存储，因此分辨率经常用 bit 作为单位，且这些离散值的个数是 2 的幂指数。例如：12 位 A/D 转换器的分辨率就是 12 位，或者说分辨率为满刻度的 $1/(2^{12})$。一个 10 V 满刻度的 12 位 A/D 转换器能分辨输入电压变化的最小值是 $10\,V \times 1/(2^{12})=2.4\,mV$。

- 转化误差。转化误差通常是以输出误差的最大值形式给出。它表示 A/D 转换器实际输出的数字量和理论上的输出数字量之间的差别，常用最低有效位的倍数表示。例如给出相对误差 $\leq \pm LSB/2$，这就表明实际输出的数字量和理论上应得到的输出数字量之间的误差小于最低位的半个字。

- 转换速率。A/D 转换器的转换速率是能够重复进行数据转换的速度，即每秒转换的次数。而完成一次 A/D 转换所需的时间（包括稳定时间）是转换速率的倒数。

10.1.2 A/D 转换器的转换原理

A/D 转换器将模拟量转换为数字量通常要经过 4 个步骤：采样、保持、量化和编码。所谓采样即是将一个时间上连续变化的模拟量转换为时间上离散变化的模拟量。将采样结果存储起来，直到下次采样，这个过程叫做保持，一般采样器和保持电路一起总称为采样保持电路。将采样电平归化为与之接近的离散数字电平，这个过程叫做量化。将量化后的结果按照一定数制形式表示就是编码。将采样电平（模拟值）转换为数字值主要有两类方法：直接比较型与间接比较型。

直接比较型：将输入模拟信号直接与参考电压比较，从而得到数字量。常见的有并行 A/D 转换器和逐次比较型 A/D 转换器。

间接比较型：输入模拟量不是直接与参考电压比较，而是将二者变为中间的某种物理量再进行比较，然后将比较所得的结果进行数字编码。常见的有双积分型 A/D 转换器。下面就以逐次比较型 A/D 转换器为例介绍其工作原理。

逐次比较型 A/D 转换器是一种转换速度较快、精度较高、价格适中的转换器。其转换时间大约在几微秒到几百微秒之间。逐次比较型 A/D 转换器是由一个锁存缓存器、D/A 转换器、N 位寄存器和控制逻辑电路组成的，如图 10.1 所示。

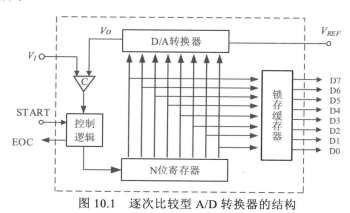

图 10.1　逐次比较型 A/D 转换器的结构

逐次逼近法的基本原理：从高位到低位逐次试探比较，就像用天平秤物体，从重到轻逐级增减砝码进行试探。

逐次逼近法的转换过程：初始化时将逐次逼近寄存器各位清零，在转换开始时，先将逐次逼近寄存器最高位置 1，送入 DA 转换器，经 DA 转换后将生成的模拟量送入比较器，称为 U0，将其与送入比较器的待转换的模拟量 Ux 进行比较，若 U0<Ux，则该位 1 被保留，否则被清除。然后再将逐次逼近寄存器次高位置 1，将寄存器中新的数字量送 DA 转换器，将输出的 U0 再次与 Ux 进行比较，若 U0<Ux，则该位 1 被保留，否则被清除。重复此过程，直至逼近寄存器最低位。转换结束后，将逐次逼近寄存器中的数字量送入缓冲寄存器，得到数字量的输出。逐次逼近的操作过程是在一个控制电路的控制下进行的。

逐次比较型 A/D 转换器完成一次转换所需的时间与其位数、时钟脉冲频率有关，若位数越少且时钟频率越高，则转换的时间越短。

集成逐次比较型 A/D 转换器有 ADC0804/0808/0809 系列（8 位）、AD575（10 位）、AD574A（12 位）等。

10.1.3　A/D 转换芯片 ADC0809

ADC0809 是美国国家半导体公司生产的 8 位 A/D 转换器，采用逐次比较的方法完成 A/D 转换功能。ADC0809 的内部结构框图如图 10.2 所示，特点如下：

- 由单一+5 V 电源供电，片内带有锁存功能的 8 路模拟多路开关可对 8 路 0~5 V 的输入模拟电压信号分时进行转换，完成一次转换约需为 100 μs（时钟为 640 kHz 时），130 μs（时钟为 500 kHz 时）。
- 由 8 位 A/D 转换器完成模拟信号到数字信号的转换。
- 输出具有 TTL 三态锁存缓冲器，可直接接到单片机数据总线上。
- 通过适当的外接电路，ADC0809 可对 0~±5 V 的双极性模拟信号进行转换。
- 低功耗，约为 15 mW。

ADC0809 的工作过程为：首先输入 3 位地址，并使 ALE=1，将地址存入地址锁存器中。此地址经译码选通 8 路模拟输入（IN0~IN7）之一到比较器。START 上升沿将逐次逼近寄存器复位，下降沿启动 A/D 转换，之后 EOC 输出信号变低电平，表示转换正在进行。直到 A/D 转换完成，EOC 变为高电平，表示 A/D 转换结束，结果数据已存入锁存器，这个信号可用作中断申请。当 OE 输入高电平时，输出三态门打开，转换结果的数字量输出到数据总线上。

图 10.3 为 ADC0809 引脚图，它常采用双列直插式，有 28 条引脚。

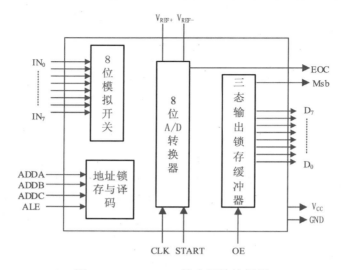

图 10.2　ADC0809 的内部结构框图

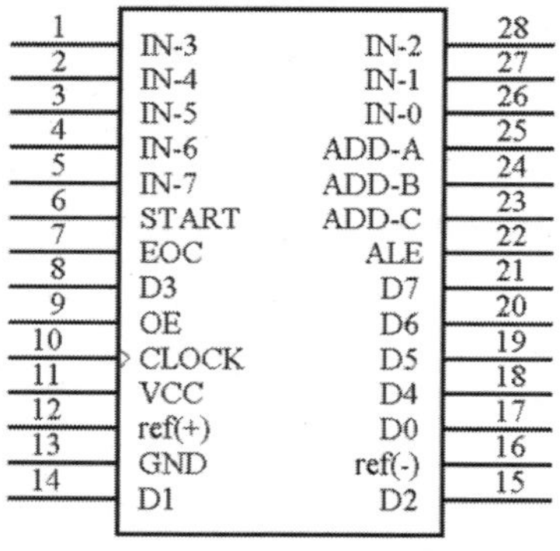

图 10.3　ADC0809 引脚图

下面说明各引脚的功能。

IN0~IN7：8 路模拟量输入端。

D0~D7：8 位数字量输出端。

ALE：地址锁存允许信号输入端，产生一个正脉冲以锁存地址。

START：A/D 转换启动脉冲输入端，输入一个正脉冲（至少 100 ns 宽）使其启动（脉冲上升沿使 0809 复位，下降沿启动 A/D 转换）。

EOC：A/D 转换结束信号输出端，当 A/D 转换结束时，此端输出一个高电平（转换期间一直为低电平）。

OE：数据输出允许信号输入端，高电平有效。当 A/D 转换结束时，此端输入一个高电平才能打开输出三态门，输出数字量。

CLK：时钟脉冲输入端。时钟频率范围为 10~1 280 kHz。

REF（+）、REF（-）：基准电压。

V_{CC}：电源，单一+5 V。

GND：地。

ADDA、ADDB、ADDC：3 位地址输入线，用于选通 8 路模拟输入中的一路。ADC0809 的输入与被选通的通道的关系如表 10.1 所示。

表 10.1　ADC0809 的输入与被选通的通道关系

C B A	选通通道	C B A	选通通道
0 0 0	IN0	1 0 0	IN4
0 0 1	IN1	1 0 1	IN5
0 1 0	IN2	1 1 0	IN6
0 1 1	IN3	1 1 1	IN7

接下来我们基于 80C51 单片机和 ADC0809 完成模拟信号转换，并将结果利用数码管进行显示，ADC0809 的电路及仿真运行图如图 10.4 所示。这里 1k 电位器上下分别接 V_{CC} 和地，则中间抽头的输出信号即为模拟信号，当调节电位器时，数码管的显示范围为 0~255，则系统分辨率为 5 V/256。

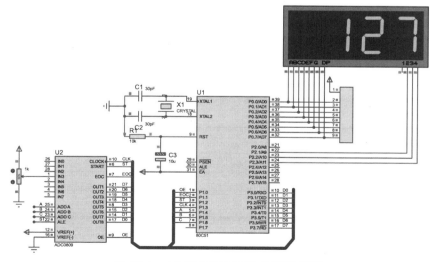

图 10.4　ADC0809 电路及仿真运行图

参考源程序为：

```
/*      名称：ADC0809 数模转换与显示
        说明：ADC0809 采样通道 3 输入的模拟量，转换后的结果显示在数码管上。*/
#include<reg51.h>
#define uchar unsigned char
#define uint unsigned int
        //各数字的数码管段码（共阴）
uchar code DSY_CODE[]={0x3f,0x06,0x5b,0x4f,0x66,0x6d,0x7d,0x07,0x7f,0x6f};
sbit CLK=P1^3;          //时钟信号
sbit ST=P1^2;           //启动信号
sbit EOC=P1^1;          //转换结束信号
sbit OE=P1^0;           //输出使能
        //延时
void DelayMS(uint ms)
{
        uchar i;
        while(ms--) for(i=0;i<120;i++);
}
        //显示转换结果
void Display_Result(uchar d)
{
        P2=0xf7;        //第 4 个数码管显示个位数
        P0=DSY_CODE[d%10];
        DelayMS(5);
        P2=0xfb;        //第 3 个数码管显示十位数
        P0=DSY_CODE[d%100/10];
        DelayMS(5);
        P2=0xfd;        //第 2 个数码管显示百位数
        P0=DSY_CODE[d/100];
        DelayMS(5);
}
        //主程序
void main()
{
        TMOD=0x02;      //T1 工作模式 2        0000 0010
        TH0=0x06;
        TL0=0x06;
        IE=0x82;
```

```
    TR0=1;
    P1=0x3f;          //选择 ADC0809 的通道 3（0111）（P1.4~P1.6）
    while(1)
    {
        ST=0;ST=1;ST=0;          //启动 A/D 转换
        while(EOC==0);      //等待转换完成
        OE=1;
        Display_Result(P3);
        OE=0;
    }
}
//T0 定时器中断给 ADC0809 提供时钟信号
void Timer0_INT() interrupt 1
{
    CLK=~CLK;
}
```

10.2　80C51 单片机与 D/A 转换芯片的连接

10.2.1　D/A 转换器简介

D/A 转换器（digital to analog converter，DAC）即数字模拟转换器，它可以将数字信号转换为模拟信号。它的功能与 A/D 转换器相反。在常见的数字信号系统中，大部分传感器信号被转化成电压信号，而 A/D 转换器把电压模拟信号转换成易于计算机存储、处理的数字编码，由计算机处理完成后，再由 D/A 转换器输出电压模拟信号，该电压模拟信号常常用来驱动某些执行器件，使人类易于感知。如音频信号的采集和还原就是这样一个过程。

D/A 转换器的主要技术指标为：

* 分辨率。D/A 转换器的分辨率是输入数字量的最低有效位（LSB）发生变化时，所对应的输出模拟量（电压或电流）的变化量，它反映的是最小变化值。分辨率与输入数字量的位数有确定的关系，可以表示成 FS/(2n)。FS 表示满量程输入值，n 为二进制位数。对于 5 V 的满量程，当采用 8 位的 D/A 转换器时，分辨率为 5 V/256=19.5 mV；当采用 12 位的 D/A 转换器时，分辨率则为 5 V/4 096=1.22 mV。显然，位数越多分辨率就越高。
* 线性度。线性度（也称非线性误差）是实际转换特性曲线与理想直线特性之间的最大偏差。常用相对于满量程的百分数表示。如±1%是指实际输出值与理论值之差在满刻度的±1%以内。
* 绝对精度。绝对精度（简称精度）是指在整个刻度范围内，任意输入

数码所对应的模拟量实际输出值与理论值之间的最大误差。绝对精度是由 D/A 转换器的增益误差（当输入数码为全 1 时，实际输出值与理想输出值之差）、零点误差（当数码输入为全 0 时，D/A 转换器的非零输出值）、非线性误差和噪声等引起的，用最大误差相对于满刻度的百分比表示。

- 建立时间。建立时间是指当输入的数字量发生满刻度变化时，输出模拟信号达到满刻度值的±LSB/2 所需的时间，是描述 D/A 转换速率的一个动态指标。根据建立时间的长短，可以将 D/A 转换器分成超高速（小于 1 μs）、高速（10~1 μs）、中速（100~10 μs）、低速（大于 100 μs）几档。

10.2.2 D/A 转换器的工作原理及分类

在了解了 D/A 转换器基本概念及特性后，再来看下其工作原理。D/A 转换器按照其转换原理来分大体可以分为两种转换方式：并行 D/A 转换和串行 D/A 转换；按解码网络结构的不同，D/A 转换器可以分为 T 型电阻网络 D/A 转换器、倒 T 型电阻网络 D/A 转换器、权电阻网络 D/A 转换器、权电流型 D/A 转换器、权电容型 D/A 转换器、开关树型 D/A 转换器等。下面以 T 型电阻网络 D/A 转换器为例来介绍，其内部结构图 10.5 所示。

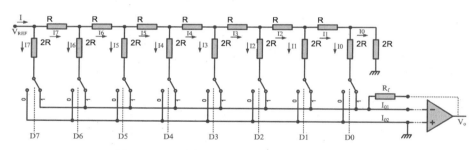

图 10.5 T 型电阻网络 D/A 转换器内部结构图

D/A 转换器主要由数字寄存器、模拟电子开关、位权网络、求和运算放大器和基准电压源（或恒流源）组成，由于是电流输出型，而通常情况下要的是电压值，因此在 D/A 转换器的输出端连接一个运算放大器，将电流转换成电压信号。用存于数字寄存器的数字量的各位数码。分别控制对应位的模拟电子开关，使数码为 1 的位在位权网络上产生与其位权成正比的电流值，再由运算放大器对各电流值求和，并转换成电压值。上述的模拟电子开关都分别接着一个分压的器件，比如说电阻。模拟电子开关的个数取决于 D/A 转换器的精度。N 个电子开关就把基准电压分为 N 份，而这些开关根据输入的二进制每一位数据对应开启或者关闭，把分压的器件上的电压引入输出

电路中。图 10.5 所示的 T 型网络 D/A 转换器输出电压的计算公式为

$$Vo=V_{REF}\times D/256$$

D 表示输入的数字量，V_{REF} 为参考电压，通常我们是接在系统电源上，即 5 V，数值 256 表示 D/A 转换器的精度为 8 位。

10.2.3　D/A 转换芯片 DAC0832

DAC0832 是一款由 Texas Instruments（TI）公司生产的经典的 8 位数字模拟转换器（D/A 转换器）。DAC0832 具有两个独立的模拟输出通道，因此可以同时输出两个不同的模拟信号，它还具有内部基准电压源，可用于校准转换器的准确性。图 10.6 为 DAC0832 引脚图。图 10.7 为 DAC0832 的逻辑结构图。

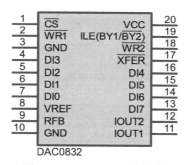

图 10.6　DAC0832 引脚图

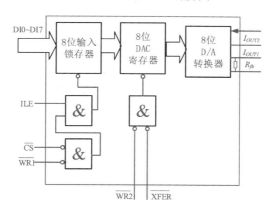

图 10.7　DAC0832 的逻辑结构图

下面说明各引脚的功能。

DI0~DI7：8 位数据输入线。

ILE：数据锁存允许控制输入线，高电平有效。

$\overline{CS}$：片选信号，低电平选通。

$\overline{WR1}$：数据锁存器写选通输入线。

输入寄存器的锁存信号 $\overline{LE1}$ 由 ILE、$\overline{CS}$、$\overline{WR1}$ 的逻辑组合产生。当 ILE 为高电平，$\overline{CS}$ 为低电平，$\overline{WR1}$ 输入负脉冲时，$\overline{LE1}$ 产生正脉冲。当 $\overline{LE1}$ 为高电平时，输入锁存器的状态随数据输入线的状态变化；$\overline{LE1}$ 的负跳变将输入数据线上的信息存入输入锁存器。

$\overline{XFER}$：数据传输控制信号输入线，低电平有效。

$\overline{WR2}$：D/A 转换器寄存器选通输入线，负脉冲有效。

D/A 转换器寄存器的锁存信号 $\overline{LE2}$ 由 $\overline{XFER}$、$\overline{WR2}$ 的逻辑组合产生。当 $\overline{XFER}$ 为低电平，$\overline{WR2}$ 输入负脉冲时，在 $\overline{LE2}$ 产生正脉冲；当 $\overline{LE2}$ 为高电平时，D/A 转换器寄存器的输出和输入锁存器的状态一致，$\overline{LE2}$ 的负跳变将输入寄存器的内容存入 D/A 转换器寄存器。

IOUT1：电流输出端 1。

IOUT2：电流输出端 2，一般 IOUTI+IOUT2=常数。

RFB：反馈信号输入线，改变 RFB 端外接电阻值可调整转换满量程精度。

V_{CC}：接电源。

DGND：接数字地，芯片数字信号接地点。

AGND：接模拟地，芯片模拟信号接地点。

V_{REF}：参考电压输入端，可接正电压，也可接负电压，范围为 $-10\sim$ $+10$ V。

DAC0832 是电流输出型，而在单片机应用系统中通常需要电压信号，电流信号到电压信号的转换由运算放大器实现。

接下来我们基于 80C51 单片机和 DAC0832 芯片完成数字信号到模拟信号的转换，实现正弦波、方波、三角波或锯齿波的输出，基于 DAC0832 的波形发生器电路如图 10.8 所示。这里 LM324 为运算放大器，DAC0832 采用 IOUT1 单路输出。该设计可以实现输出波形切换，信号的频率、占空比和振幅在一定范围内可调。该设计包含 5 个按键，其中 K1 决定输出波的类型；K2 用于增加输出波的频率；K3 用于减小输出波的频率；K4 用于增加输出为方波的占空比；K5 用于减小输出为方波的占空比，振幅的调节是通过调节电位器 RV1 的阻值实现的。图 10.9 为基于 Proteus 软件的波形发生器的输出波形图；图 10.10 为调节方波输出的占空比示意图；图 10.11 是以正弦波为例的调节输出振幅示意图；图 10.12 是以锯齿波为例的调节信号频率示意图。

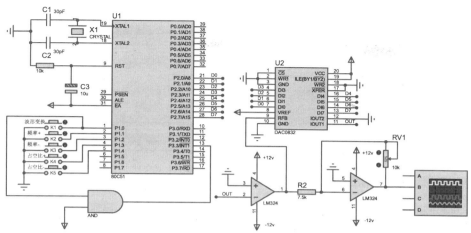

图 10.8　基于 DAC0832 的波形发生器电路

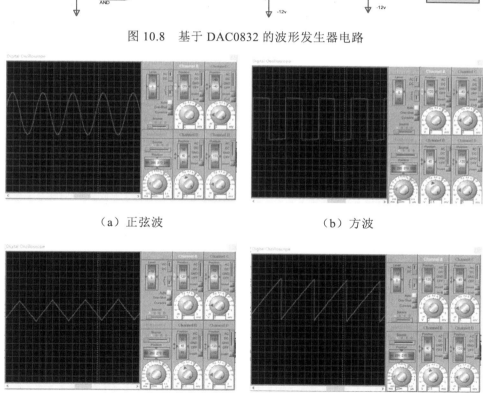

（a）正弦波　　　　　　　　　　　（b）方波

（c）三角波　　　　　　　　　　　（d）锯齿波

图 10.9　基于 Protues 软件的波形发生器的输出波形

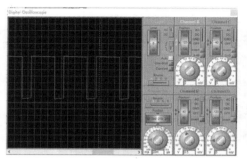
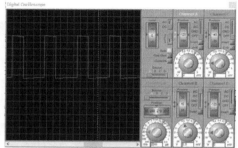

（a）增加占空比　　　　　　　　　　　（b）减小占空比

图 10.10　调节方波输出的占空比示意图

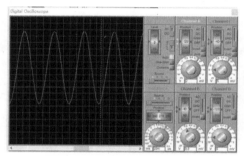
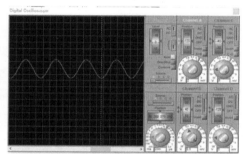

（a）提高振幅　　　　　　　　　　　（b）减小振幅

图 10.11　以正弦波为例的调节输出振幅示意图

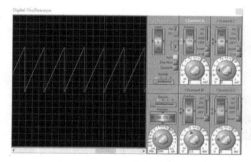
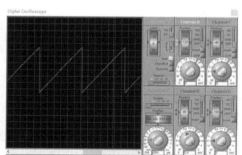

（a）增加频率　　　　　　　　　　　（b）减小频率

图 10.12　以锯齿波为例的调节信号频率示意图

参考源程序为：

```
#include <reg51.h>
#include<string.h>
```

```
#define uchar unsigned char
#define uint unsigned int
sbit K1=P1^0;        //波形调节按键
sbit K2=P1^1;    //频率+按键
sbit K3=P1^2;    //频率 – 按键
sbit K4=P1^3;    //占空比+按键
sbit K5=P1^4;    //占空比 – 按键
uchar Wave=1;    //为不同数值时代表不同波形
uchar Gap=30;    //输出相邻两个点的间距控制
uchar i,a=0;
uchar sqarnum=128;    //用于控制占空比
    //正弦波波形数据
uchar code SinWave[256]=
{0x80,0x83,0x86,0x89,0x8d,0x90,0x93,0x96,0x99,0x9c,0x9f,0xa2,0xa5,0xa8,0xab,0xa
e,0xb1,0xb4,0xb7,0xba,0xbc,0xbf,0xc2,0xc5,0xc7,0xca,0xcc,0xcf,0xd1,0xd4,0xd6,0xd8,0xd
a,0xdd,0xdf,0xe1,0xe3,0xe5,0xe7,0xe9,0xea,0xec,0xee,0xef,0xf1,0xf2,0xf4,0xf5,0xf6,0xf7,
0xf8,0xf9,0xfa,0xfb,0xfc,0xfd,0xfd,0xfe,0xff,0xff,0xff,0xff,0xff,0xff,0xff,0xff,0xff,0xff,0xf
f,0xff,0xfe,0xfd,0xfd,0xfc,0xfb,0xfa,0xf9,0xf8,0xf7,0xf6,0xf5,0xf4,0xf2,0xf1,0xef,0xee,0xe
c,0xea,0xe9,0xe7,0xe5,0xe3,0xe1,0xde,0xdd,0xda,0xd8,0xd6,0xd4,0xd1,0xcf,0xcc,0xca,0xc
7,0xc5,0xc2,0xbf,0xbc,0xba,0xb7,0xb4,0xb1,0xae,0xab,0xa8,0xa5,0xa2,0x9f,0x9c,0x99,0x9
6,0x93,0x90,0x8d,0x89,0x86,0x83,0x80,0x80,0x7c,0x79,0x76,0x72,0x6f,0x6c,0x69,0x66,0
x63,0x60,0x5d,0x5a,0x57,0x55,0x51,0x4e,0x4c,0x48,0x45,0x43,0x40,0x3d,0x3a,0x38,0x35
,0x33,0x30,0x2e,0x2b,0x29,0x27,0x25,0x22,0x20,0x1e,0x1c,0x1a,0x18,0x16,0x15,0x13,0x
11,0x10,0x0e,0x0d,0x0b,0x0a,0x09,0x08,0x07,0x06,0x05,0x04,0x03,0x02,0x02,0x01,0x00,
0x00,0x00,0x00,0x00,0x00,0x00,0x00,0x00,0x00,0x00,0x00,0x01,0x02 ,0x02,0x03,0x04,0x
05,0x06,0x07,0x08,0x09,0x0a,0x0b,0x0d,0x0e,0x10,0x11,0x13,0x15,0x16,0x18,0x1a,0x1c,
0x1e,0x20,0x22,0x25,0x27,0x29,0x2b,0x2e,0x30,0x33,0x35,0x38,0x3a,0x3d,0x40,0x43,0x4
5,0x48,0x4c,0x4e ,0x51,0x55,0x57,0x5a,0x5d,0x60,0x63,0x66 ,0x69,0x6c,0x6f,0x72,0x76,
0x79,0x7c,0x80 };
void DelayMS(uchar ms)    // ms 级延时函数
{
    uchar   i;
    while(ms--)
    for(i=0;i<120;i++);
}
void    DelayUS (uint y)    //用于控制相邻两个点间隔的延时函数
{
    uint   i;
    for(i=y;i>0;i--);
}
void Out_Wave (uchar i)    // 驱动 DAC0832，输出波形函数
{
    uchar   j;
    switch(i)
    {
        case 0:      P2=0x00;break;
    case 1:
```

```
        for (j=0;j<255;j++)
            {
                P2=SinWave[j];
                DelayUS(Gap);
            }
        break;
    case 2:
        {
        if(a<sqarnum)
            {
                P2=0xff;
                DelayUS(Gap);
            }
        else
            {
                P2=0x00;
                DelayUS(Gap);
            }
            a++;
        }
            break;
    case 3:
        {
        if(a<128)
            {
                P2=a;
                DelayUS(Gap);
            }
        else
            {
                P2=255-a;
                DelayUS(Gap);
            }
            a++;
        }
            break;
    case 4:
        {
        if(a<255)
            {
                P2=a;
                DelayUS(Gap);
            }
            a++;
            if(a==255)
                {
                    a=0;
                }
                break;
```

```
            }
        }
    }
void   keyscan()   // 按键扫描函数
{
    if(K2==0)
        {
            DelayMS(5);
            if(K2==0)
                {
                    while(!K2);
                    Gap--;
                    if(Gap==0)
                    Gap=20;
                }
        }
        if(K3==0)
        {
            DelayMS(5);
            if(K3==0)
                {
                    while(!K3);
                    Gap++;
                    if(Gap>60)
                    Gap=20;
                }
        }
        if(K4==0)
        {
            DelayMS(5);
            if(K4==0)
                {
                    while(!K4);
                    if(Wave==2)
                    sqarnum=sqarnum+2;
                    if(sqarnum==238)
                    sqarnum=128;
                }
        }
        if(K5==0)
        {
            DelayMS(5);
            if(K5==0)
                {
                    while(!K5);
                    if(Wave==2)
                    sqarnum=sqarnum-2;
                    if(sqarnum==18)
                    sqarnum=128;
```

```
            }
        }
    }
    void main()   //主函数
    {
        IE=0x84;    //开放中断
        IT1=1;      //设置外部中断触发方式
        DelayMS(5);
        while (1)
        {
            keyscan();
            Out_Wave(Wave);

        }
    }
    void   EX_INT1()   interrupt 2    //外部中断 1 函数，用于改变波形
    {
        Wave++;
        if(Wave==5) Wave=1;
    }
```

10.3 习　　题

1. D/A 和 A/D 转换的含义是什么?

2. A/D 转换器的分类有哪几种?

3. 简述逐次逼近式 A/D 转换器的工作原理。

4. A/D 转换器的主要重要指标有哪些，其含义是什么?

5. ADC0809 有几个模拟信号输入通道，时钟信号输入端 CLK 的输入信号频率一般为多少 Hz?

6. 与 80C51 单片机接口时，ADC0809 的 CLK、EOC、ALE 和 START 引脚应该如何连接?

7. D/A 转换器的主要重要指标有哪些，其含义是什么?

第 11 章 综 合 实 例

本章将通过基于 80C51 单片机的多功能电子万年历的设计和基于单片机的电子密码锁两个完整的项目案例，将在前面各章节所学的内容进行了整合和实践，帮助读者将理论知识应用到实际项目中去，提升他们的工程能力和解决问题能力。

11.1 多功能电子万年历

该万年历可显示当前年、月、日、星期、时间和温度信息。利用 80C51 单片机读取 DS1302 实时时钟模块的数据和 DS18B20 数字温度传感器监测的数据，并通过 LCD1602 显示模块予以显示，通过独立按键可对当前时钟信息进行修改。下面将对 DS1302 实时时钟模块、DS18B20 数字温度传感器和电子万年历的原理进行介绍。

11.1.1 DS1302 的基础知识

DS1302 实时时钟模块是美国 DALLAS 公司推出的具有涓细电流充电能力的低功耗电路，可以对年、月、日、星期、时、分、秒进行计时，且具有闰年补偿等多种功能。DS1302 的主要特点是采用串行数据传输，可为掉电保护电源提供可编程的充电功能，并且可以关闭充电功能，DS1302 模块采用的是 32.768 kHz 晶振。

1. DS1302 的结构及工作原理

DS1302 的工作电压为 2.5~5.5 V，采用三线接口与 CPU 进行同步通信，并可采用突发方式一次传送多个字节的时钟信号或 RAM 数据。DS1302 内部有一个 31×8 的用于临时存放数据的 RAM 寄存器。DS1302 的实物图及引脚图如图 11.1 所示，DS1302 的引脚功能如表 11.1 所示。其中，引脚 V_{CC1} 为后备电源，V_{CC2} 为主电源。在主电源关闭的情况下，也能保持时钟的连续运行。

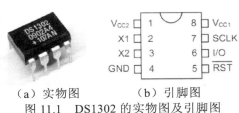

（a）实物图　　　（b）引脚图

图 11.1　DS1302 的实物图及引脚图

表 11.1　DS1302 的引脚功能

引脚	名称	功能
X1、X2	外接晶振引脚	通常接 32.768 kHz
GND	地	接地
$\overline{\text{RST}}$/CE	复位/片选引脚	当 $\overline{\text{RST}}$ 为高电平时，所有的数据传送被初始化，允许对 DS1302 进行操作。如果在传送过程中 $\overline{\text{RST}}$ 置为低电平，则终止此次数据传送，I/O 引脚变为高阻态
I/O	数据引脚	数据 I/O 端
SCLK	同步串行时钟输入引脚	作数据时钟用
V_{CC2}	主电源输入引脚	DS1302 由 V_{CC2} 或 V_{CC1} 两者中的较大者供电
V_{CC1}	备用电源输入引脚	

2．DS1302 的控制字节

DS1302 的控制字如表 11.2 所列。控制字节的最高有效位（D7）必须是逻辑 1；如果它为 0，则不能把数据写入 DS1302 中。D6 如果为 0，则表示存取日历时钟数据；为 1 表示存取 RAM 数据。D5~D1 指示操作单元的地址。最低有效位（D0）如为 0 表示要进行写操作，为 1 表示进行读操作，控制字节总是从最低位开始输出。

表 11.2　DS1302 的控制字

D7	D6	D5	D4	D3	D2	D1	D0
1	RAM/$\overline{\text{CK}}$	A4	A3	A2	A1	A0	RD/$\overline{\text{W}}$

当单片机向 DS1302 写入数据时，在写入命令字节的 8 个 SCLK 周期后，DS1302 会在接下来的 8 个 SCLK 周期的上升沿读入数据字节；如果有更多的 SCLK 周期，那么多余的部分将被忽略。当单片机从 DS1302 读取数据时，在读命令字节的 8 个 SCLK 周期后，DS1302 会在接下来的 8 个 SCIK 周期的下降沿输出数据字节，单片机可进行读取。

需要注意的是：当单片机从 DS1302 中读取数据时，从 DS1302 输出的第一个数据位发生在紧接着单片机输出的命令字节最后一位的第一个下降沿处，而且在读操作过程中，要保持 $\overline{\text{RST}}$ 时钟为高电平状态。当有额外的 SCLK 时钟周期时，DS1302 将重新发送数据字节，这一输出特性使得 DS1302 具有多字节连续输出能力。图 11.2 为 DS1302 的单字节数据读/写时序图。

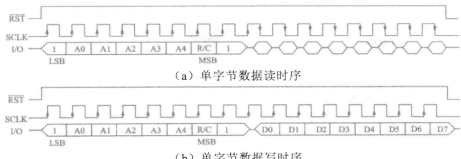

（a）单字节数据读时序

（b）单字节数据写时序

图 11.2　DS1302 的单字节数据读/写时序图

3．数据 I/O

在控制指令字输入后下一个 SCLK 时钟的上升沿时，数据被写入 DS1302，数据输入从低位，即 D0 开始。同样，在紧跟 8 位控制指令字后的下一个 SCLK 脉冲的下降沿读出 DS1302 的数据，读出数据时从低位 D0 位到高位 D7。

4．DS1302 的寄存器

DS1302 有 12 个寄存器，其中有 7 个寄存器与日历、时钟相关，存放的数据位为 BCD 码形式，其日历、时间寄存器及其控制字如表 11.3 所示。

表 11.3　日历、时间寄存器及其控制字

寄存器	7	6	5	4	3	2	1	0
	1	RAM/$\overline{\text{CK}}$	A4	A3	A2	A1	A0	
秒	1	0	0	0	0	0	0	
分	1	0	0	0	0	0	1	
小时	1	0	0	0	0	1	0	
日	1	0	0	0	0	1	1	
月	1	0	0	0	1	0	0	RD/$\overline{\text{W}}$
星期	1	0	0	0	1	0	1	
年	1	0	0	0	1	1	0	
写保护	1	0	0	0	1	1	1	
慢充电	1	0	0	0	0	0	0	
突发	1	0	1	1	1	1	1	

可一次性顺序读/写除充电寄存器外的所有寄存器内容。DS1302 与 RAM 相关的寄存器分为两类：一类是单个 RAM 单元，共 31 个，每个单元组态为一个 8 位的字节，其命令控制字为 C0H~FDH，其中奇数为读操作，

偶数为写操作；另一类为突发方式下的 RAM 寄存器，此方式下可一次性读写所有的 RAM 的 31 个字节，命令控制字为 FEH（写）、FFH（读）。

11.1.2 DS18B20 的基础知识

DS18B20 是 Dallas 公司推出的一种改进型智能数字温度传感器，与传统的热敏电阻相比，它只需一根导线就能直接读出被测温度，并可以根据实际需求编程实现 9~12 位数字值的读数方式。它有 3 种封装形式，这三种封装形式及芯片的外形如图 11.3 所示。DS18B20 的各个引脚功能的说明如表 11.4 所示。

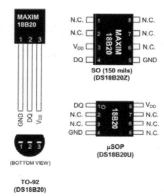

图 11.3 DS18B20 三种封装形式及芯片的外形图

表 11.4 DS18B20 的各个引脚功能的说明

引脚名称	说明
V_{DD}	可选的+5 V 电源
DQ	数字 I/O
GND	电源地
NC	无连接

当信号线 DQ 为高电平时，信号线 DQ 为芯片供电，并且内部电容器储存电能；当信号线 DQ 为低电平时，内部电容器为芯片供电，直至下一个高电平到来重新充电。

DS18B20 采用的是 1-wire 单总线技术，1-wire 单总线技术是 Dallas 公司的专有技术。只须使用一根导线（将计算机的地址线、数据线、控制线合为一根信号线）便可完成串行通信。单根信号线既传输时钟，又传输数据，而且数据传输是双向的，在信号线上可挂上许多测控对象，电源也由这根信号线提供。

1-wire 单总线适合于单个主机系统，能够控制一个或多个从设备。当只有一个从机位于总线上时，系统可按照单节点系统操作；而当多个从机位于总线上时，系统按照多节点系统操作。1-wire 单总线示意图如图 11.4 所示。1-wire 单总线系统的优点如表 11.5 所示，缺点在于其传输速率较低。

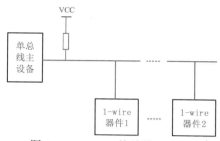

图 11.4　1-wire 单总线示意图

表 11.5　1-wire 单总线系统的优点

优点	描述
综合性	传感器、控制器、I/O 设备均可按 1-wire 协议接入 1-wire 网络
敏捷性	1-wire 单总线的设置和安装只需一条普通三芯电线连接至各从机接入点；当系统需要增加从机时，只需要从该总线拉出延长线即可
可靠性	每个从机均有绝对唯一的地址码
	数据传输均采用 CRC 校验码
	1-wire 单总线上传输的是数字信号

1. DS18B20 的特点

DS18B20 的特点如下：

- 适应电压范围宽，电压范围为 3.0~5.5 V，寄生电源方式下可由数据线供电；独特的单线接口方式，在与单片机连接时仅需要一条引脚，可以实现单片机与 DS18B20 的双向通信；
- 支持多点组网功能，多个 DS18B20 可以通过并联的方式，实现多点组网测温；
- 不需要任何外围元件，全部传感元件及转换电路集成在形如一只三极管的集成电路内；
- 温度范围为−55~+125 ℃，在−10~+85 ℃时，精度为±0.5 ℃；
- 可编程的分辨率为 9~12 位，对应的可分辨温度分别为 0.5 ℃、0.25 ℃、0.125 ℃和 0.0625 ℃，可实现高精度测温；
- 在 9 位分辨率时，最多在 93.75 ms 内把温度转换为数字，在 12 位分辨率时，最多在 750 ms 内把温度值转换为数字，速度较快；

- 测量结果直接输出数字温度信号，以一条总线串行传送给 CPU，同时可传送 CRC 校验码，具有极强的抗干扰纠错能力；

- 负压特性，当电源极性接反时，芯片不会因发热而烧毁，但芯片不能正常工作。

2．DS18B20 的内部结构

DS18B20 的内部结构如图 11.5 所示。

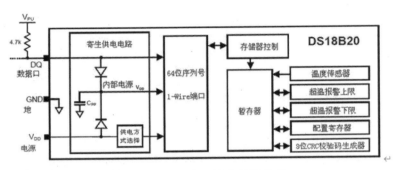

图 11.5　DS18B20 的内部结构图

由图 11.5 可知，DS18B20 内部结构主要由 64 位 ROM、温度传感器、温度报警上限和下限及高速暂存器等部分组成。

（1）64 位 ROM。

64 位 ROM 是由厂家用激光刻录的一个 64 位二进制 ROM 代码，是该芯片的标志号，DS18B20 芯片的标志号如表 11.6 所示。

表 11.6　DS18B20 芯片的标志号

8 位循环冗余校验		48 位序列号		8 位分类编号（10H）	
MSB	……　LSB	MSB	……　LSB	MSB	……　LSB

8 位分类编号表示产品分类编号，DS18B20 的分类号为 10H；48 位序列号是个大于 281×10^{12} 的十进制数编码，作为该芯片的唯一标志代码；8 位循环冗余校验为前 56 位的 CRC 循环冗余校验。由于每个芯片的 64 位 ROM 代码不同，因此单总线上能够并挂很多个 DS18B20 进行多点温度实时检测。

（2）温度传感器。

温度传感器是 DS18B20 的核心部分，该功能部件可以完成对温度的测量。

通过软件编程可将−55~+125 ℃范围内的温度值按 9 位、10 位、11 位、12 位的转换精度进行量化，以上的转换精度都包括一个符号位，因此对应的温度量化值分别是 0.5 ℃、0.25 ℃、0.125 ℃、0.062 5 ℃，即最高转换精度为 0.062 5 ℃。芯片出厂时默认为 16 位的转换精度。当接收到温度转换命令（命令代码 44H）后开始转换，转换完成后的温度用 16 位带符号扩展的二进制补码形式表示，存储在高速缓存器 RAM 的第 0、1 字节中，二进制数的前 5 位是符号位。如果测得的温度大于 0，那么这 5 位为 0，只要将测到的数值乘上 0.062 5 即可得到实际温度；如果温度小于 0，那么这 5 位为 1，测到的数值需要取反加 1 再乘上 0.062 5 即可得到实际温度。

（3）高速缓存器。

高速缓存器包括一个高速暂存器 RAM 和一个非易失性可电擦除 EEPROM。非易失性可电擦除 EEPROM 用于存放高温触发器 T、低温触发器 T 和配置寄存器中的信息。

高速暂存器 RAM 是一个连续 8 B 的存储器，前两个字节是测得的温度信息，第 1 个字节的内容是温度的低 8 位，第 2 个字节是温度的高 8 位。第 3 个和第 4 个字节是高温触发器 T 和低温触发器 T 的易失性复制，第 5 个字节是配置寄存器的易失性复制，以上字节的内容在每次上电复位时被刷新。第 6、7、8 字节用于暂时保留为 1。

（4）配置寄存器。

配置寄存器的内容用于确定温度值的数字转换分辨率。DS18B20 工作时按此寄存器的分辨率将温度转换为相应精度的数值，是高速缓存器的第 5 个字节，该字节定义如下：

TM	R0	R1	1	1	1	1	1

其中，TM 是测试模式位，用于设置 DS18B20 在工作模式还是在测试模式，在 DS18B20 工作时，该位被设置为 0，用户不必改动。R1 和 R0 用来设置分辨率。其余 5 位均固定为 1。DS18B20 的分辨率设置如表 11.7 所示。

表 11.7 DS18B20 的分辨率设置

R1	R0	分辨率	最大转换时间/ms
0	0	9 位	93.75
0	1	10 位	187.5
1	0	11 位	375
1	1	12 位	750

3．DS18B20 的工作原理

DS18B20 的测温原理如图 11.6 所示。从图 11.6 中可以看出，DS18B20 主要由斜率累加器、温度系数振荡器、减法计数器和温度寄存器等部分组成。斜率累加器用于补偿和修正测温过程中的非线性，其输出用于修正减法计数器的预置值。温度系数振荡器用于产生减法计数器脉冲信号，其中低温度系数振荡器受温度的影响很小，用于产生固定频率的脉冲信号送给减法计数器 1；高温度系数振荡器受温度的影响较大，随温度的变化，其振荡频率明显改变，产生的信号作为减少计数器 2 的输入脉冲。减法计数器对脉冲信号进行减法计数，温度寄存器暂存温度数值。

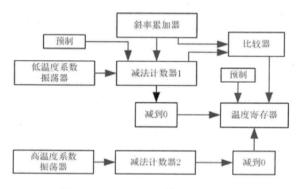

图 11.6　DS18B20 的测温原理图

在图 11.6 中还隐含着计数门，当计数门打开时，DS18B20 就对低温系数振荡器产生的时钟脉冲进行计数，从而完成温度测量。计数门的开启时间由高温度系数振荡器决定，每次测量前，首先将−55 ℃所对应的基数分别置入减法计数器 1 和高温寄存器中，减法计数器 1 和温度寄存器被预置一个数值。减法计数器 1 对低温度系数振荡器产生的脉冲信号进行减法计数，当减法计数器 1 的预置值减到 0 时，温度寄存器的值将加 1。之后，减法计数器 1 的预置将重新被装入，减法计数器 1 重新开始对低温度系数振荡器产生的脉冲信号进行计数，如此循环，直到减法计数器 2 计数减到 0，才停止温度寄存器的值的累加。此时，温度寄存器中的数值即为所测温度。斜率累加器不断补偿和修正测温过程中的非线性，只要计数门未关闭就重复上述过程，直至温度寄存器的值达到被测温度值。

由于 DS18B20 是单总线芯片，在系统中若有多个单总线芯片，每个芯片的信息交换则是分时完成的，均有严格的读/写时序要求。系统对

DS18B20 的操作协议为：初始化 DS18B20（发复位脉冲）→发 ROM 功能命令→发存储器操作命令→处理数据。

4．DS18B20 的 ROM 命令

读 ROM：命令代码为 33H，允许主设备读出 DS18B20 的 64 位二进制 ROM 代码。该命令只适用于总线上存在单只 DS18B20。

匹配 ROM：命令代码 55H。若总线上有多个从设备，使用该命令可以选中某指定的 DS18B20，即只有与 64 位二进制 ROM 代码完成匹配的 DS18B20 才能响应其操作。

跳过 ROM：命令代码 CCH。在启动所有 DS18B20 转换之前或系统只有一个 DS18B20 时，该命令允许主设备不提供 64 位二进制 ROM 代码就使用存储器操作命令。

搜索 ROM：命令代码 F0H。当系统初次启动时，主设备可能不知总线上有多少个从设备或它们的 ROM 代码，使用该命令可以确定系统中的从设备个数及其 ROM 代码。

报警搜索 ROM：命令代码 ECH。该命令用于鉴别和定位系统中超出程序设定的报警温度值。

写暂存器：命令代码 4EH。允许主设备向 DS18B20 的暂存器写入 2 个字节的数据，其中第一个字节写入 T_H 中，第 2 个字节写入 T_L 中。可以在任何时刻发出复位命令中止数据的写入。

读暂存器：命令代码 BEH。允许主设备读取暂存器中的内容。从第 1 个字节开始，直到 CRC 读完第 9 个字节。也可以在任何时刻发出复位命令中止数据的读取操作。

复制暂存器：命令代码 48H。将高温触发器 T_H 和低温触发器 T_L 中的字节复制到非易失性 EEPROM。若主机在该命令之后又发出读操作，而在 DS18B20 又忙于将暂存器的内容复制到 EEPROM 时，DS18B20 就会输出一个"0"。若复制结束，则 DS18B20 输出一个"1"。如果使用寄生电源，那么主设备发出该命令之后，立即发出强上拉并至少保持 10 ms 以上的时间。

温度转换：命令代码 44H。启动一次温度转换。若主机在该命令之后又发出其他操作，而 DS18B20 又忙于温度转换，则 DS18B20 就会输出一个"0"。若转换结束，则 DS18B20 输出一个"1"。如果使用寄生电源，那么主设备发出该命令之后，立即发出强上拉并至少保持 500 ms 以上的时间。

复制回暂存器：命令代码 B8H。将高温触发器 T_H 和低温触发器 T_L 中的字节从 EEPROM 中复制回暂存器中。该操作在 DS18B20 上电时自动执行，

若执行该命令后又发出读操作，DS18B20 会输出温度转换忙标志：0 为忙，1 为完成。

读电源使用模式：命令代码 B4H。主设备将该命令发给 DS18B20 后发出读操作，DS18B20 会返回它的电源使用模式：0 为寄生电源，1 为外部电源。

11.1.3　多功能电子万年历设计

本章所述的基于 80C51 单片机的多功能电子万年历的设计电路及仿真运行图如图 11.7 所示。80C51 单片机读取 DS1302 实时时钟模块的数据和 DS18B20 数字温度传感器监测的数据，并通过 LCD1602 显示模块予以显示。如图 11.7 所示，当前显示的日期为：2024/02/13，时间为：18:11:47，星期信息为 TUE（星期二），当前温度为 40 ℃。电路中包含 4 个按键可以对当前时钟信息进行修改，其中 K1 键为选择键，每按一次切换调整的位置；K2 键为当前信息数值的增加键；K3 键为当前信息数值的减小键；K4 键为修改完成键。

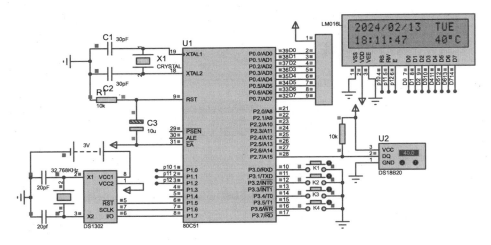

图 11.7　80C51 单片机的多功能电子万年历的设计电路及仿真运行图

参考源程序为：

```
#include <reg51.h>
#include <intrins.h>
#define uint unsigned int
#define uchar unsigned char
sbit   LcdRs    = P1^0;    //LCD1602 的 RS
```

```
sbit    LcdRw    = P1^1;    //LCD1602 的 RW
sbit    LcdEn = P1^2;    //LCD1602 的 EN
sbit    DS1302_CLK = P1^6;    //实时时钟时钟线引脚
sbit    DS1302_IO  = P1^7;    ·  //实时时钟数据线引脚
sbit    DS1302_RST = P1^5;    //实时时钟复位线引脚
sbit Set = P3^0;    //模式切换键
sbit Up = P3^2;    //加法按键
sbit Down = P3^4;    //减法按键
sbit out = P3^6;    //确定推出按键
sbit DQ = P2^7;    //温度传送数据 I/O 口
sbit    ACC0 = ACC^0;
sbit    ACC7 = ACC^7;
    //秒,分,时到日,月,年位闪的计数
char hide_sec,hide_min,hide_hour,hide_day,hide_week,hide_month,hide_year;
char done,count,temp,flag,up_flag,down_flag;
uchar temp_value;    //温度值
uchar TempBuffer[5],week_value[2];
void show_time();    //液晶显示程序
#define LCD_COMMAND        0            // Command
#define LCD_DATA           1            // Data
#define LCD_CLEAR_SCREEN 0x01      // 清屏
#define LCD_HOMING         0x02          // 光标返回原点
    //延时程序
void DelayMs(unsigned int count)
{
 unsigned int i,j;
 for(i=0;i<count;i++)
 for(j=0;j<120;j++);
}
    //写 LCD 程序，style=0 时为写命令，style=1 时为写数据
void LCD_Write(bit style, unsigned char input)
{
LcdEn=0;
LcdRs=style;
LcdRw=0;
 _nop_();
P0=input;
 _nop_();//注意顺序
LcdEn=1;
 _nop_();//注意顺序
LcdEn=0;
 _nop_();
DelayMs(5);
}
#define LCD_SHOW            0x04      //显示开
#define LCD_HIDE            0x00      //显示关
```

```
#define LCD_CURSOR                0x02        //显示光标
#define LCD_NO_CURSOR             0x00        //无光标
#define LCD_FLASH             0x01       //光标闪动
#define LCD_NO_FLASH          0x00       //光标不闪动
        // LCD 设置显示子程序
void LCD_SetDisplay(unsigned char DisplayMode)
{
 LCD_Write(LCD_COMMAND, 0x08|DisplayMode);
}
        //==设置输入模式==
#define LCD_AC_UP            0x02
#define LCD_AC_DOWN              0x00        // default
#define LCD_MOVE             0x01       // 画面可平移
#define LCD_NO_MOVE              0x00        //default
void LCD_SetInput(unsigned char InputMode)
{
 LCD_Write(LCD_COMMAND, 0x04|InputMode);
}
      //LCD 初始化子程序
void LCD_Initial()
{
 LcdEn=0;
 LCD_Write(LCD_COMMAND,0x38);        //8 位数据端口,2 行显示,5*7 点阵
 LCD_Write(LCD_COMMAND,0x38);
 LCD_SetDisplay(LCD_SHOW|LCD_NO_CURSOR);       //开启显示, 无光标
 LCD_Write(LCD_COMMAND,LCD_CLEAR_SCREEN);      //清屏
 LCD_SetInput(LCD_AC_UP|LCD_NO_MOVE);          //AC 递增, 画面不动
}
      //指定显示地点子程序
void GotoXY(unsigned char x, unsigned char y)
{
 if(y==0)
      LCD_Write(LCD_COMMAND,0x80|x);
 if(y==1)
      LCD_Write(LCD_COMMAND,0x80|(x-0x40));
}
      //LCD 输出字符子程序
void Print(unsigned char *str)
{
 while(*str!='\0')//while(*str!='\0')
 {
      LCD_Write(LCD_DATA,*str);
      str++;
 }
}
      //定义的时间类型
typedef struct SYSTEMTIME
```

```
{
    unsigned char Second;
    unsigned char Minute;
    unsigned char Hour;
    unsigned char Week;
    unsigned char Day;
    unsigned char Month;
    unsigned char Year;
    unsigned char DateString[11];
    unsigned char TimeString[9];
}SYSTEMTIME;
SYSTEMTIME CurrentTime;
#define AM(X)    X
#define PM(X)    (X+12)                    // 转成 24 小时制
#define DS1302_SECOND  0x80                  //时钟芯片的寄存器位置,存放时间
#define DS1302_MINUTE  0x82
#define DS1302_HOUR        0x84
#define DS1302_WEEK        0x8A
#define DS1302_DAY       0x86
#define DS1302_MONTH   0x88
#define DS1302_YEAR        0x8C
    //实时时钟写入一字节
void DS1302InputByte(unsigned char d)
{
    unsigned char i;
    ACC = d;
    for(i=8; i>0; i--)
    {
        DS1302_IO = ACC0;
        DS1302_CLK = 1;
        DS1302_CLK = 0;
        ACC = ACC >> 1;
    }
}
    //实时时钟读取一字节
unsigned char DS1302OutputByte(void)
{
    unsigned char i;
    for(i=8; i>0; i--)
    {
        ACC = ACC >>1;
        ACC7 = DS1302_IO;
        DS1302_CLK = 1;
        DS1302_CLK = 0;
    }
    return(ACC);
}
    //写 DS1302 子程序 ucAddr: DS1302 地址, ucData: 要写的数据
```

```
void Write1302(unsigned char ucAddr, unsigned char ucDa)
{
    DS1302_RST = 0;
    DS1302_CLK = 0;
    DS1302_RST = 1;
    DS1302InputByte(ucAddr);            // 地址，命令
    DS1302InputByte(ucDa);              // 写 1Byte 数据
    DS1302_CLK = 1;
    DS1302_RST = 0;
}
    //读取 DS1302 某地址的数据
unsigned char Read1302(unsigned char ucAddr)
{
    unsigned char ucData;
    DS1302_RST = 0;
    DS1302_CLK = 0;
    DS1302_RST = 1;
    DS1302InputByte(ucAddr|0x01);       // 地址，命令
    ucData = DS1302OutputByte();        // 读 1Byte 数据
    DS1302_CLK = 1;
    DS1302_RST = 0;
    return(ucData);
}
    //获取时钟芯片的时钟数据到自定义的结构型数组
void DS1302_GetTime(SYSTEMTIME *Time)
{
unsigned char ReadValue;
ReadValue = Read1302(DS1302_SECOND);
Time->Second = ((ReadValue&0x70)>>4)*10 + (ReadValue&0x0F);
ReadValue = Read1302(DS1302_MINUTE);
Time->Minute = ((ReadValue&0x70)>>4)*10 + (ReadValue&0x0F);
ReadValue = Read1302(DS1302_HOUR);
Time->Hour = ((ReadValue&0x70)>>4)*10 + (ReadValue&0x0F);
ReadValue = Read1302(DS1302_DAY);
Time->Day = ((ReadValue&0x70)>>4)*10 + (ReadValue&0x0F);
ReadValue = Read1302(DS1302_WEEK);
Time->Week = ((ReadValue&0x70)>>4)*10 + (ReadValue&0x0F);
ReadValue = Read1302(DS1302_MONTH);
Time->Month = ((ReadValue&0x70)>>4)*10 + (ReadValue&0x0F);
ReadValue = Read1302(DS1302_YEAR);
Time->Year = ((ReadValue&0x70)>>4)*10 + (ReadValue&0x0F);
}
    //将时间年,月,日,星期数据转换成液晶显示字符串,放到数组里 DateString[]
    //这里的 if,else 语句都是判断位闪烁,小于 2 显示数据,大于 2 就不显示,输出字
    符串为 //2024/02/13
void DateToStr(SYSTEMTIME *Time)
{
    if(hide_year<2)
```

```
        {
    Time->DateString[0] = '2';
    Time->DateString[1] = '0';
    Time->DateString[2] = Time->Year/10 + '0';
    Time->DateString[3] = Time->Year%10 + '0';
 }
    else
        {
        Time->DateString[0] = ' ';
        Time->DateString[1] = ' ';
        Time->DateString[2] = ' ';
        Time->DateString[3] = ' ';
        }
Time->DateString[4] = '/';
if(hide_month<2)
{
    Time->DateString[5] = Time->Month/10 + '0';
    Time->DateString[6] = Time->Month%10 + '0';
}
    else
    {
        Time->DateString[5] = ' ';
        Time->DateString[6] = ' ';
    }
Time->DateString[7] = '/';
if(hide_day<2)
{
    Time->DateString[8] = Time->Day/10 + '0';
    Time->DateString[9] = Time->Day%10 + '0';
}
    else
    {
        Time->DateString[8] = ' ';
        Time->DateString[9] = ' ';
    }
if(hide_week<2)
{
    week_value[0] = Time->Week%10 + '0';
}
    else
    {
        week_value[0] = ' ';
    }
    week_value[1] = '\0';

 Time->DateString[10] = '\0'; //字符串末尾加 '\0',判断结束字符
}
    //将时,分,秒数据转换成液晶显示字符放到数组 TimeString[];
void TimeToStr(SYSTEMTIME *Time)
```

```
{
    if(hide_hour<2)
        {
    Time->TimeString[0] = Time->Hour/10 + '0';
    Time->TimeString[1] = Time->Hour%10 + '0';
}
    else
        {
        Time->TimeString[0] = ' ';
        Time->TimeString[1] = ' ';
        }
Time->TimeString[2] = ':';
    if(hide_min<2)
{
    Time->TimeString[3] = Time->Minute/10 + '0';
    Time->TimeString[4] = Time->Minute%10 + '0';
}
    else
        {
        Time->TimeString[3] = ' ';
        Time->TimeString[4] = ' ';
            }
Time->TimeString[5] = ':';
    if(hide_sec<2)
        {
    Time->TimeString[6] = Time->Second/10 + '0';
    Time->TimeString[7] = Time->Second%10 + '0';
    }
        else
        {
            Time->TimeString[6] = ' ';
        Time->TimeString[7] = ' ';
            }
Time->DateString[8] = '\0';
}
    //时钟芯片初始化
void Initial_DS1302(void)
{
unsigned char Second=Read1302(DS1302_SECOND);
if(Second&0x80)              //判断时钟芯片是否关闭
    {
        Write1302(0x8e,0x00); //写入允许
        Write1302(0x8c,0x07); //写入初始化时间
        Write1302(0x88,0x07);
        Write1302(0x86,0x25);
        Write1302(0x8a,0x07);
        Write1302(0x84,0x23);
        Write1302(0x82,0x59);
```

```
            Write1302(0x80,0x55);
            Write1302(0x8e,0x80); //禁止写入
        }
}
    //延时程序
void delay_18B20(unsigned int i)
{
   while(i--);
    }
    //初始化 DS18B20 子程序
void Init_DS18B20(void)
{
   unsigned char x=0;
   DQ = 1;           //DQ 复位
   delay_18B20(8);  //稍做延时
   DQ = 0;           //单片机将 DQ 拉低
   delay_18B20(80); //精确延时，大于 480 μs
   DQ = 1;           //拉高总线
   delay_18B20(14);
   x=DQ;            //稍做延时后，若 x=0，则初始化成功，若 x=1，则初始化失败
   delay_18B20(20);
}
    //ds18b20 读一个字节
unsigned char ReadOneChar(void)
{
uchar i=0;
uchar dat = 0;
for (i=8;i>0;i--)
  {
      DQ = 0;        // 给脉冲信号
      dat>>=1;      //数据右移一位
      DQ = 1;        // 给脉冲信号
      if(DQ)
      dat|=0x80;    //按位或，取最高位
      delay_18B20(4);
   }
      return(dat);
}
    //ds18b20 写一个字节
void WriteOneChar(uchar dat)
{
 unsigned char i=0;
 for (i=8; i>0; i--)
   {
      DQ = 0;
      DQ = dat&0x01;      //取最低位
      delay_18B20(5);
```

```
        DQ = 1;              //上升沿将数据送入
        dat>>=1;
    }
}
    //读取 ds18b20 当前温度
void ReadTemp(void)
{
unsigned char a=0;
unsigned char b=0;
unsigned char t=0;
Init_DS18B20();
WriteOneChar(0xCC);      // 跳过读序号列号的操作
WriteOneChar(0x44);      // 启动温度转换
delay_18B20(100);
Init_DS18B20();
WriteOneChar(0xCC);      //跳过读序号列号的操作
WriteOneChar(0xBE);      //读取温度寄存器
delay_18B20(100);
a=ReadOneChar();         //读取温度值低位
b=ReadOneChar();             //读取温度值高位
temp_value=b<<4;         //左移四位，扩大 16 倍，变为一个字节的高四位
temp_value+=(a&0xf0)>>4;//取温度的高四位，右移四位后与温度的高四位相加
}
void temp_to_str()    //温度数据转换成液晶字符显示
{
    TempBuffer[0]=temp_value/10+'0';   //十位
    TempBuffer[1]=temp_value%10+'0';   //个位
    TempBuffer[2]=0xdf;    //温度符号
    TempBuffer[3]='C';
    TempBuffer[4]='\0';
}
    //延时子程序
void mdelay(uint delay)
{
    uint i;
    for(;delay>0;delay--)
    for(i=0;i<62;i++); //1 ms 延时
}
    //按键 K4 跳出调整模式
void outkey()
{
    uchar Second;
    if(out==0)
    {
        mdelay(8);
        count=0;
        hide_sec=0,hide_min=0,hide_hour=0,hide_day=0;
```

```
        hide_week=0,hide_month=0,hide_year=0;
        Second=Read1302(DS1302_SECOND);
        Write1302(0x8e,0x00); //写入允许
        Write1302(0x80,Second&0x7f);
        Write1302(0x8E,0x80);                //禁止写入
        done=0;
        while(out==0);
        }
    }
    //按键 K2 增加数值
void Upkey()
{
    Up=1;
    if(Up==0)
        {
            mdelay(8);
            switch(count)
                {
                    case 1:temp=Read1302(DS1302_SECOND);   //读取秒数
                        temp=temp+1;   //秒数加 1
                        up_flag=1;      //数据调整后更新标志
                        if((temp&0x7f)>0x59)     //超过 59 秒,清零
                            temp=0;
                        break;
                    case 2:temp=Read1302(DS1302_MINUTE);   //读取分数
                        temp=temp+1;   //分数加 1
                        up_flag=1;
                        if(temp>0x59)                //超过 59 分,清零
                            temp=0;
                        break;
                    case 3:temp=Read1302(DS1302_HOUR);   //读取小时数
                        temp=temp+1;   //小时数加 1
                        up_flag=1;
                        if(temp>0x23)    //超过 23 小时,清零
                            temp=0;
                        break;
                    case 4:temp=Read1302(DS1302_WEEK);   //读取星期数
                        temp=temp+1;   //星期数加 1
                        up_flag=1;
                        if(temp>0x7)
                            temp=1;
                        break;
                    case 5:temp=Read1302(DS1302_DAY);   //读取日数
                        temp=temp+1;   //日数加 1
                        up_flag=1;
                        if(temp>0x31)
                            temp=1;
```

```
                        break;
            case 6:temp=Read1302(DS1302_MONTH);   //读取月数
                    temp=temp+1;   //月数加 1
                    up_flag=1;
                    if(temp>0x12)
                            temp=1;
                    break;
            case 7:temp=Read1302(DS1302_YEAR);   //读取年数
                    temp=temp+1;   //年数加 1
                    up_flag=1;
                    if(temp>0x85)
                                temp=0;
                    break;
            default:break;
                }
        while(Up==0);
        }
}
    //按键 K3 减小数值
void Downkey()
{
  Down=1;
  if(Down==0)
    {
      mdelay(8);
      switch(count)
        {
        case 1:temp=Read1302(DS1302_SECOND);   //读取秒数
                temp=temp-1;        //秒数减 1
                down_flag=1;          //数据调整后更新标志
                if(temp==0x7f)
                        temp=0x59;   //小于 0 秒,返回 59 秒
                break;
        case 2:temp=Read1302(DS1302_MINUTE);   //读取分数
                temp=temp-1;   //分数减 1
                down_flag=1;
                if(temp==-1)
                        temp=0x59;          //小于 0 秒,返回 59 秒
                break;
        case 3:temp=Read1302(DS1302_HOUR);   //读取小时数
                temp=temp-1;   //小时数减 1
                down_flag=1;
                if(temp==-1)
                        temp=0x23;
                break;
        case 4:temp=Read1302(DS1302_WEEK);   //读取星期数
                temp=temp-1;   //星期数减 1
```

```
                    down_flag=1;
                    if(temp==0)
                            temp=0x7;;
                    break;
            case 5:temp=Read1302(DS1302_DAY);  //读取日数
                    temp=temp-1;   //日数减 1
                    down_flag=1;
                    if(temp==0)
                            temp=31;
                    break;
            case 6:temp=Read1302(DS1302_MONTH);  //读取月数
                    temp=temp-1;   //月数减 1
                    down_flag=1;
                    if(temp==0)
                            temp=12;
                    break;
            case 7:temp=Read1302(DS1302_YEAR);  //读取年数
                    temp=temp-1;   //年数减 1
                    down_flag=1;
                    if(temp==-1)
                            temp=0x85;
                    break;
            default:break;
                }
        while(Down==0);
            }
}
    //按键 K1 模式选择
void Setkey()
{
  Set=1;
  if(Set==0)
    {
        mdelay(8);
        count=count+1;         //Setkey 按一次,count 就加 1
        done=1;                //进入调整模式
        while(Set==0);
        }
}
    //按键功能执行
void keydone()
{
  uchar Second;
  if(flag==0)    //关闭时钟,停止计时
    {
        Write1302(0x8e,0x00); //写入允许
        temp=Read1302(0x80);
```

```
Write1302(0x80,temp|0x80);
Write1302(0x8e,0x80); //禁止写入
flag=1;
    }
Setkey();                              //扫描模式切换按键
switch(count)
  {
      case 1:do                                   //count=1,调整秒
          {
              outkey();                     //扫描跳出按钮
              Upkey();                      //扫描加按钮
                Downkey();                        //扫描减按钮
                if(up_flag==1||down_flag==1)   //数据更新
                    {
                        Write1302(0x8e,0x00); //写入允许
                        Write1302(0x80,temp|0x80); //写入新的秒数
                        Write1302(0x8e,0x80); //禁止写入
                        up_flag=0;
                        down_flag=0;
                        }
                hide_sec++;                 //位闪计数
                if(hide_sec>3)
                hide_sec=0;
                show_time();                //液晶显示数据
                    }while(count==2);break;
      case 2:do   //count=2,调整分
          {
              hide_sec=0;
              outkey();
              Upkey();
              Downkey();
              if(temp>0x60)
                  temp=0;
              if(up_flag==1||down_flag==1)
                {
                    Write1302(0x8e,0x00); //写入允许
                    Write1302(0x82,temp); //写入新的分数
                    Write1302(0x8e,0x80); //禁止写入
                    up_flag=0;
                    down_flag=0;
                    }
              hide_min++;
              if(hide_min>3)
                  hide_min=0;
              show_time();
                  }while(count==3);break;
      case 3:do                                   //count=3,调整小时
```

```
                    {
                hide_min=0;
                outkey();
                Upkey();
                Downkey();
                if(up_flag==1||down_flag==1)
                        {
                                Write1302(0x8e,0x00); //写入允许
                                Write1302(0x84,temp); //写入新的小时数
                                Write1302(0x8e,0x80); //禁止写入
                                up_flag=0;
                                down_flag=0;
                                }
                        hide_hour++;
                        if(hide_hour>3)
                                hide_hour=0;
                        show_time();
                                }while(count==4);break;
        case 4:do                                        //count=4,调整星期
                    {
                hide_hour=0;
                outkey();
                Upkey();
                Downkey();
                if(up_flag==1||down_flag==1)
                        {
                                Write1302(0x8e,0x00); //写入允许
                                Write1302(0x8a,temp); //写入新的星期数
                                Write1302(0x8e,0x80); //禁止写入
                                up_flag=0;
                                down_flag=0;
                                }
                        hide_week++;
                        if(hide_week>3)
                                hide_week=0;
                        show_time();
                                }while(count==5);break;
        case 5:do                                        //count=5,调整日
                    {
                hide_week=0;
                outkey();
                Upkey();
                Downkey();
                if(up_flag==1||down_flag==1)
                        {
                                Write1302(0x8e,0x00); //写入允许
                                Write1302(0x86,temp); //写入新的日数
```

```
                                Write1302(0x8e,0x80); //禁止写入
                                up_flag=0;
                                down_flag=0;
                                   }
                  hide_day++;
                  if(hide_day>3)
                           hide_day=0;
                  show_time();
                         }while(count==6);break;
         case 6:do                //count=6,调整月
              {
                hide_day=0;
                outkey();
                Upkey();
                Downkey();
                if(up_flag==1||down_flag==1)
                     {
                        Write1302(0x8e,0x00); //写入允许
                        Write1302(0x88,temp); //写入新的月数
                        Write1302(0x8e,0x80); //禁止写入
                        up_flag=0;
                        down_flag=0;
                         }
                  hide_month++;
                  if(hide_month>3)
                           hide_month=0;
                  show_time();
                         }while(count==7);break;
         case 7:do                                 //count=7,调整年
              {
                hide_month=0;
                outkey();
                Upkey();
                Downkey();
                if(up_flag==1||down_flag==1)
                     {
                        Write1302(0x8e,0x00); //写入允许
                        Write1302(0x8c,temp); //写入新的年数
                        Write1302(0x8e,0x80); //禁止写入
                        up_flag=0;
                        down_flag=0;
                         }
                  hide_year++;
                  if(hide_year>3)
                           hide_year=0;
                  show_time();
                         }while(count==8);break;
         case 8: count=0;
```

```
                    hide_year=0;  //count8, 跳出调整模式,返回默认显示状态
                    Second=Read1302(DS1302_SECOND);
                    Write1302(0x8e,0x00); //写入允许
                    Write1302(0x80,Second&0x7f);
                    Write1302(0x8E,0x80);              //禁止写入
                    done=0;break;
                default:break;
                }
}
    //LCD 显示程序
void show_time()
{
  DS1302_GetTime(&CurrentTime);   //获取时钟芯片的时间数据
  TimeToStr(&CurrentTime);          //时间数据转换液晶字符
  DateToStr(&CurrentTime);          //日期数据转换液晶字符
  ReadTemp();                      //开启温度采集程序
  temp_to_str();                   //温度数据转换成液晶字符
  GotoXY(12,1);                    //液晶字符显示位置
  Print(TempBuffer);               //显示温度
  GotoXY(0,1);
  Print(CurrentTime.TimeString); //显示时间
  GotoXY(0,0);
  Print(CurrentTime.DateString); //显示日期
  GotoXY(11,0);
  switch (week_value[0])
        {
        case 0x31: Print(" MON"); break;
        case 0x32: Print(" TUE"); break;
        case 0x33: Print(" WED"); break;
        case 0x34: Print(" THU"); break;
        case 0x35: Print(" FRI"); break;
        case 0x36: Print(" SAT"); break;
        case 0x37: Print(" SUN"); break;
        default:   Print(" ERR"); break;
                }
  DelayMs(400);                     //扫描延时
}
    //主函数
main()
{
    flag=1;            //时钟停止标志
    LCD_Initial();     //液晶初始化
    Init_DS18B20( );        //DS18B20 初始化
    Initial_DS1302(); //时钟芯片初始化
    up_flag=0;
    down_flag=0;
```

```
    done=0;                 //进入默认液晶显示
    while(1)
    {
        while(done==1)
        keydone();          //进入调整模式
        while(done==0)
        {
            show_time();                //液晶显示数据
            flag=0;
            Setkey();                   //扫描各功能键
        }
    }
}
```

11.2 电子密码锁

该电子密码锁由矩阵键盘、LCD1602、继电器电路、蜂鸣器电路和 AT24C02 芯片组成。矩阵键盘用于输入密码信息；LCD1602 单元可将输入结果予以显示；蜂鸣器电路可对输入信息的正确性予以声音提示；继电器电路用来控制门锁，这里利用发光 LED 的亮灭予以指示；AT24C02 芯片是遵循 I²C 总线的 EEPROM 芯片，用来存储密码，防止系统掉电后密码遗失。下面将对 I²C 总线、AT24C02 芯片和基于 80C51 单片机的电子密码锁的原理进行介绍。

11.2.1 I²C 总线原理

1. I²C 总线概述

I²C 总线全称是 Inter-Integrated Circuit 总线，有时也写为 IIC 总线，由 Freescale 公司推出，是广泛采用的一种新型总线标准，也是同步通信的一种通信形式，具有接口线少、占用的空间非常小、控制简单、通信速率较高等优点。所有与 I²C 兼容的器件都具有标准的接口，可以把多个 I²C 总线器件同时接到 I²C 总线上，通过地址来识别通信对象，使它们可以经由 I²C 总线直接通信。

目前有很多芯片都集成 I²C 接口，可以接到 I²C 总线上。C 总线由数据线 SDA 和时钟线 SCL 两条线构成串行总线，既可以发送数据，也可以接收数据。在单片机与被控集成电路之间、集成电路与集成电路之间都可以进行双向信息传输。各种集成电路均并联在总线上，但每个集成电路都有唯一的地址。在信息传输过程中，I²C 总线上并联的每个集成电路既是被控器（或主控器），也是发送器（或接收器），这取决于它所要完成的功能。单片机发出的控制信号分为地址码和数据码，地址码用来接通控制的电路，数据码包含通信的内容，这样各集成电路的控制电路虽然挂在同一总线上，但是却彼此独立。使用这个总线可以连接 RAM、EEPROM、LCD 等器件。

2. I²C 总线硬件结构图

I²C 总线系统的硬件结构图如图 11.8 所示。其中，SDA 是数据线，SCL 是时钟线。连接到总线上的器件的输出级必须是集电极或漏极开路，以形成线"与"功能，因此 SDA 和 SCL 均需要接上拉电阻。总线处于空闲状态下均保持高电平，连接总线上的任一器件输出的低电平都将使总线的信号变低。

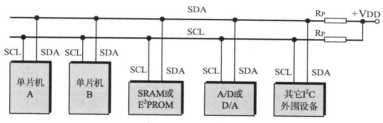

图 11.8　I²C 总线系统的硬件结构图

I²C 总线支持多主和主从两种工作方式。通常采用主从工作方式，因为不出现总线竞争和仲裁，所以工作方式简单，但基本型 80C51 单片机没有 I²C 总线硬件接口，可采用软件模拟 I²C 总线常用的工作方式。在主从工作方式中，主器件启动数据的发送，产生时钟信号，发出停止信号。I²C 的传输速率：标准模式传输速率为 100 kbps，快速模式为 400 kbps，高速模式传输速率为 3.4 Mbps。

3. I²C 总线的数据传输

在 I²C 总线上，每一位数据位的传输都与时钟脉冲相对应。逻辑 0 和逻辑 1 的信号电平取决于相应的电源电压，使不同的半导体制造工艺，如 CMOS、NMOS 等类型的电路都可以接入总线。对于数据传输，I²C 总线协议规定了如下信号时序。

（1）起始和停止信号。

起始和停止信号如图 11.9 所示。SCL 为高电平期间，SDA 由高电平向低电平的变化表示起始信号；SCL 为高电平期间，SDA 由低电平向高电平的变化表示停止信号。

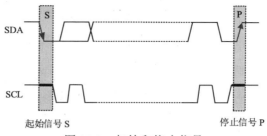

图 11.9　起始和停止信号

当总线空闲时，SCL 和 SDA 两条线都是高电平。SDA 线的起始信号和停止信号由主机发出。在起始信号后，总线处于被占用的状态；在停止信号后，总线处于空闲状态。

（2）字节格式。

传输字节数没有限制，但每个字节必须是 8 位长度。先传最高位（MSB），每个被传输的字节后面都要跟随应答位（即一帧共有 9 位），字节传输时序如图 11.10 所示。

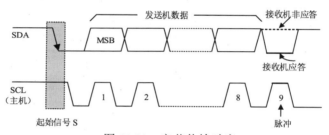

图 11.10　字节传输时序

当从器件接收数据时，在第 9 个时钟脉冲要发出应答脉冲，但在数据传输一段时间后无法继续接收更多的数据时，从器件可以采用"非应答"通知主机，若主机在第 9 个时钟脉冲检测到 SDA 线无有效应答负脉冲（即非应答），则会发出停止信号以结束数据传输。

与主机发送数据相似，当主机在接收数据时，在它收到最后一个数据字节后，必须向从器件发出一个结束传输的"非应答"信号。然后从器件释放 SDA 线，以允许主机产生停止信号。

（3）数据传输时序。

对于数据传输 I^2C 总线协议规定：SCL 由主机控制，从器件在自己忙时拉低 SCL 线以表示自己处于"忙状态"；字节数据由发送器发出，响应位由接收器发出；SCL 高电平期间，SDA 线数据要稳定；SCL 低电平期间，SDA 线数据允许更新。数据传输时序如图 11.11 所示。

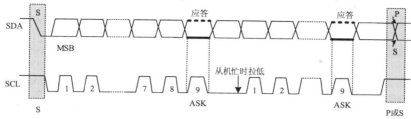

图 11.11　数据传输时序

（4）寻址字节。

主机发出起始信号后要先传送 1 个寻址字节：7 位从器件地址，1 位传输方向控制位（用"0"表示主机发送数据，"1"表示主机接收数据）。格式为：

位	D7	D6	D5	D4	D3	D2	D1	D0
	器件地址							R/W

D7~D1 位组成从器件的地址，D0 位是数据传送方向位。在主机发送地址时，总线上的每个从器件都将这 7 位地址码与自己的地址进行比较。若相同，则认为自己正被主机寻址。

器件地址由固定部分和可编程部分两部分组成。以 AT24C04 为例，器件地址的固定部分为 1010，器件引脚 A2 和 A1 可以选择 4 个同样的器件。片内 512 个字节单元的访问由第 1 字节（器件寻址字节）的 P0 位及下一字节（8 位的片内储存地址选择字节）共同寻址，AT24C 系列存储器器件地址如表 11.8 所示。

表 11.8　AT24C 系列存储器器件地址

器件型号	字节容量	器件寻址字节							内部地址字节数	页面写字节数	最多可挂器件数
		固定标识				片选		R/W			
AT24C01A	128					A2	A1	A0	1/0		8	8
AT24C02	256					A2	A1	A0	1/0		8	8
AT24C04	512	1	0	1	0	A2	A1	P0	1/0	1	16	4
AT24C08A	1K					A2	P1	P0	1/0		16	2
AT24C16A	2K					P2	P1	P0	1/0		16	1

续表

器件型号	字节容量	器件寻址字节						内部地址字节数	页面写字节数	最多可挂器件数
		固定标识		片选			R/W			
AT24C32A	4K			A2	A1	A0	1/0		32	8
AT24C64A	8K			A2	A1	A0	1/0		32	8
AT24C128B	16K	1 0 1 0		A2	A1	A0	1/0	2	64	8
AT24C256B	32K			A2	A1	A0	1/0		64	8
AT24C512B	64K			A2	A1	A0	1/0		128	8

注：在该表的片选引脚中，AT24C04 器件不用 A0 引脚，但要用 P0 位区分页地址，每页有 256 B（这里的"页"不要与页面写字节数中的"页"混淆），在主机发出的寻址字节中，使 P0 位为 0 或 1，就可以访问 AT24C04 的 512 B 的内容。器件 AT24C08 和 AT24C16 的情况与此类似。

（5）80C51 单片机的 I^2C 总线时序模拟。

对于没有配置 I^2C 总线接口的单片机（如 AT89S51 等），可以利用通用并行 I/O 口线模拟 I^2C 总线接口的时序。

①典型信号的时序。

I^2C 总线的数据传输有严格的时序要求。I^2C 总线的起始信号、停止信号、发送应答（"0"）及发送非应答（"1"）的时序如图 11.12 所示。

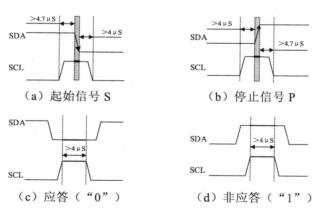

（a）起始信号 S   （b）停止信号 P

（c）应答（"0"）   （d）非应答（"1"）

图 11.12 I^2C 总线的典型信号的时序

②典型信号的模拟子程序。

设主机采用 89C51 单片机的晶振率为 11.059 2 MHz（即机器周期为 1.085 μs），下面给出几个典型信号的模拟子程序。

先定义延时时间。

```
#define NOP5()   {_nop_ ();_nop_ ();_nop_ ();_nop_ ();_nop_ ();}
```

• 起始信号。

```
void Start(void)
{
   SDA=1;
SCL=1;
NOP5();
SDA=0;
NOP5();
SCL=0;
}
```

• 停止信号。

```
void Stop (void)
{
    SDA=0;
    SCL=1;
    NOP5();
    SDA=1;
    NOP5 () ;
    SCL=0;
}
```

• 发送应答位"0"。

```
void Ack (void)
{
    SDA=0;
    SCL=1;
    NOP5();
    SCL=0;
    SDA=1;
}
```

• 发送非应答位"1"。

```
void Nack (void)
{
    SDA=1;
    SC1=1;
    NOP5();
    SCL=0;
    SDA=0;
}
```

11.2.2 AT24C02 的基础知识

具有 I²C 总线接口的 EEPROM 很多，在此仅介绍 ATMEL 公司生产的 AT2402，其中，采用该芯片可以解决掉电而造成数据丢失的问题，可以对保存的数据保持 100 年，并可以擦除 10 万次以上。

1．AT24C02 引脚配置与引脚功能

AT24C02 芯片的常用封装形式有直插（DIP8）式和贴片（SO-8）式两种，其实物图和引脚图如图 11.13 所示。

（a）实物图　　　　　　　（b）引脚图

图 11.13　AT24C02 芯片的实物图和引脚图

2．AT24C02 的特性

- 与 400 kHz 的 I²C 总线兼容。
- 1.8~6.0 V 电压范围。
- 低功耗 CMOS 技术。
- 写保护功能：当 WP 位高电平时进行写保护状态。
- 页写缓冲器。
- 自定时擦除写周期。
- 1 000 000 个编程/擦除周期。
- 可保存数据 100 年。
- 8 脚 DIP、SOIC 或 TSSOP 封装。
- 温度范围：商业级、工业级和汽车级。

3．AT24C02 引脚的描述

AT24C02 的引脚名称和功能描述见表 11.9。

表 11.9　AT24C02 的引脚名称和功能描述

引脚名称	功能	引脚名称	功能
A0、A1、A2	器件地址选择	WP	写保护
SDA	串行数据/地址	V_{CC}	+1.8~6 V 工作电压
SCL	串行时钟	GND	地

4．80C51 单片机与 AT24C02 的接口

常用的单片机与 AT24C02 连接的电路如图 11.14 所示。

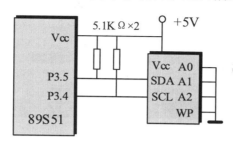

图 11.14　常用的单片机与 AT24C02 连接的电路

图 11.14 中 AT24C02 的 1、2、3 脚是 3 条地址线，用于确定芯片的硬件地址在本系统中它们都接地，第 8 脚和第 4 脚分别为正、负电源。第 5 脚 SDA 为串行数据 I/O，数据通过这条双向 I^{2}C 总线串行传送，在 80C51 单片机仿真系统上和单片机的一个并行 I/O 口相连。第 6 脚 SCL 为串行时钟输入线，在 80C51 单片机仿真系统上和一个并行 I/O 口相连。SDA 和 SCL 都需要和正电源间各接一个约 5.1 kΩ 的电阻上拉。第 7 脚需要接地。

AT24C02 中带有片内地址寄存器。每写入或读出一个数据字节后，该地址寄存器自动加 1，以实现对下一个存储单元的读/写。所有字节均以单一操作方式读取。为降低总的写入时间，一次操作可写入多达 8 B 的数据。

AT24CXX 系列的读/写操作遵循 I^{2}C 总线的主发从收、主收从发规则。

（1）主机写数据操作。

①写单字节。

对 AT24C02 写入时，单片机发出起始信号后接着发送的是**器件寻址写操作**（即 1010(A2)(A1)(P0)0），然后释放 SDA 线并在 SCL 线上产生第 9 个时钟信号；被选中的 AT24C02 在 SDA 线上产生一个应信号；单片机再发送要写入的**片内单元地址**；收到 AT24C02 应答 0 后单片机发送数据字节，AT24C02 返回应答；然后单片机发出停止信号 P，AT24C02 启动片内擦写过程。写入单字节的传输时序如图 11.15 所示。

图 11.15　写入单字节的传输时序

②写多字节。

要写入多个字节，可以利用 AT24C02 的页写入模式，AT24C02 的页为 8 B。与字节写相似，首先单片机分别完成起始信号操作、器件寻址写操作及片内单元首地址写操作。收到从器件应答 0 后单片机就逐个发送各数据字

节，但每发送一个字节后都要等待应答。如果没有数据要发送了，**单片机就发出停止信号 P，AT24C02 就启动内部擦写周期，完成数据写入工作（约 10 ms）**。

AT24C02 片内地址指针在接收到每一个数据字节后都自动加 1，在芯片的“页面写字节数”（8 B）限度内，只需输入首地址。当传输数据的字节数超过芯片的“页面写字节数”时，地址将“上卷”，前面的数据将被覆盖。写入 *n* 个字节（对于 AT24C02 芯片 *n* 小于 8）的传输时序如图 11.16 所示。

S	器件寻址写	A	数据地址写	A	Data 1	A	……	Data n	A	P

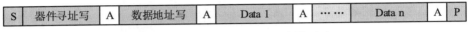

图 11.16　写入 *n* 个字节的传输时序

（2）主机读数据操作。

①当前地址读。

从 AT24C02 读数据时，单片机发出起始信号后接着要**完成器件寻址读操作**，在第 9 个脉冲等待从器件应答；被选中的从器件在 SDA 线上产生一个应答信号，并向 SDA 线发送数据字节；单片机发出应答信号和停止信号。当前地址读传输时序如图 11.17 所示。

S	器件寻址读	A	Data	A	P

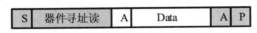

图 11.17　当前地址读传输时序

②随机读。

在随机读时，单片机也要先**完成该器件寻址写操作和数据地址写操作**（属于“伪写”，即方向控制位仍然为“0”），均在第 9 个脉冲处等待从器件应答，被选中的从器件在 SDA 线上产生一个应答信号。

收到器件应答后，单片机要先**重复一次起始信号**并完成**器件寻址读操作**（方向位为 1），收到器件应答后就可以读出数据字节，每读出一个字节，单片机都要回复应答信号。在最后一个字节数据读完后，单片机应返回以“非应答”（高电平），并发出停止信号。随机读时序如图 11.18 所示。

S	器件寻址写	A	数据地址写	A	S	器件寻址读	A	Data 1	A	……	Data n	$\overline{A}$	P

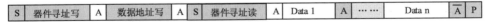

注：图中深底色表示主机控制SDA线，白底色表示从器件控制SDA线（但起动位始终由主机控制）。

图 11.18　随机读时序

（3）基本操作子程序。

①应答位检测。

```
bit TAck ()
{
```

```
    bit abit;
    SDA=1;
    SCL=1;
    NOP5 ();
    abit =SDA;
    SCL=0;
    NOP5();
    return abit;
}
```

②发送一个字节。

```
void WByte (uchar wdata)
{
    uchar i;
    for (i=0; i<8;i++)
    {
        SDA=(bit)(wdata &0x80);//发送位选 SDA 线
        SCL=1;
        NOP5 ();
        SCL=0; //SDA 线上数据变化
        wdata<<=1; //调整发送位
    }
}
```

③从 E2PROM 读一个字节。

```
uchar RByte ()
{
    uchar i, rdata;
    SDA=1; //置 SDA 为输入方式
    for (i=0;1<8;i++)
    {
        SCL=1; //使 SDA 数据有效/
        rdata<<=1; //调整接收位
        if (SDA)  rdata++;
        SCL=0; //继续接收数据
        return (rdata);
    }
}
```

④向 E2PROM 发送 n 个字节。

```
void WriteNpyte (uchar addr, uchar n)
{
```

```
    uchar x;
    Start();
    WByte(OparatWrite); //写 0xa0
    Ack();
    WByte(addr); //写存储地址
    Ack();
    while (n--)
    {
        WByte (DispCode[x++]); //写数据
        Aek():
        DelayMs(1);
    }
    Stop();    //发送结束
}
```

⑤从 E2PROM 读取 *n* 个字节。

```
void ReadNByte(uchar addr, uchar n)
{
    uchar x=0;
    while (n--)
    {
        Start();
        WByte(OperatWrite); // 写 0xa0
        while(Tack());
        WByte(addr);        // 写读取地址
        while(Tack());
        Start();
        WByte(OperatRead); // 写 0xa1
        while(Tack());
        DispBuff[x++]=RByte(); // 读出数据写入相应显存
        Ask();     // 发送应答位
        DelayMs(2);
        Stop();    // 发送结束
        addr++;
    }
}
```

11.2.3　电子密码锁设计

本章所述的基于 80C51 单片机的电子密码锁如图 11.19 所示。矩阵键盘中的"*"设定为取消键，"#"设定为确定键。继电器电路中串联的发光 LED 用来模拟门开关，密码正确时控制其点亮。蜂鸣器可针对输入的不同状态发出声音报警。AT24C02 用来存储用户密码，以防止系统掉电后密码遗失，参考源程序如下。图 11.20 和图 11.21 分别为仿真运行后密码输入错误和输入正确后的系统运行图。

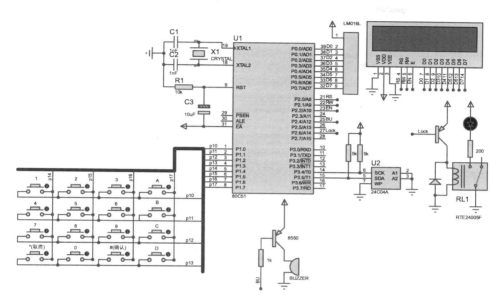

图 11.19　基于 80C51 单片机的电子密码锁

参考源程序为：

```
#include<reg51.h>
#include<intrins.h>
#define LCM_Data P0      //将 P0 口定义为 LCM_Data
#define uchar unsigned char
#define uint unsigned int
sbit lcd1602_RS=P2^0;//RS 引脚为寄存器（1-数据寄存器，0-命令寄存器）
sbit lcd1602_RW=P2^1;//RW 为读写操作引脚（1-读，0-写）
sbit lcd1602_EN=P2^2;//使能信号
sbit C02_SCL=P3^4;        //24c02 串行时钟
sbit C02_SDA=P3^5;        //24c02 串行数据
sbit ALAM=P2^4;          //报警,蜂鸣器
sbit LOCK=P2^6;          //开锁
bit pass=0;              //密码正确标志
bit ReInputEn=0;         //重置输入允许标志
bit s3_keydown=0;        //3 秒按键标志位
bit key_disable=0;       //锁定键盘标志
unsigned char countt0,second; //t0 中断次数，秒计数
```

```
unsigned char code a[]={0xFE,0xFD,0xFB,0xF7};//控盘扫描控制表
    //液晶显示数据数组
unsigned char code start_line[] = {"password:        "};
unsigned char code name[] = {"===Coded Lock==="}; //显示名称
unsigned char code Correct[] = {"       correct    "};//输入正确
unsigned char code Error[] = {"        error     "};//输入错误
unsigned char code codepass[] = {"        pass      "};
unsigned char code LockOpen[] = {"       open       "};//open
unsigned char code SetNew[] = {"SetNewWordEnable"};
unsigned char code Input[] = {"input:          "};//input
unsigned char code ResetOK[] = {"ResetPasswordOK "};
unsigned char code initword[] = {"Init password..."};
unsigned char code Er_try[] = {"error,try again!"};
unsigned char code again[] = {"input again      "};
unsigned char InputData[6];//输入密码暂存区
unsigned char CurrentPassword[6]={0,0,0,0,0,0};//读取 EEPROM 密码暂存数组
unsigned char TempPassword[6];
unsigned char N=0;//密码输入位数计数
unsigned char ErrorCont;//错误次数计数
unsigned char CorrectCont;//正确输入计数
unsigned char ReInputCont;//重新输入计数
unsigned char code initpassword[6]={0,0,0,0,0,0};//输入管理员密码后初始为
000000
unsigned char code adminpassword[6]={1,2,3,1,2,3};//管理员密码
    //===5 ms 延时==
void Delay5Ms(void)
{
    unsigned int TempCyc = 5552;
    while(TempCyc--);
}

    //==400 ms 延时==
void Delay400Ms(void)
{
    unsigned char TempCycA = 5;
    unsigned int TempCycB;
    while(TempCycA--)
    {
        TempCycB=7269;
        while(TempCycB--);
    }
}
    //==延时==
void mDelay(uint t)
{
    uchar i;
    while(t--)
```

```
    {
         for(i=0;i<125;i++)
         {;}
    }
}
    //==空操作==
void Nop(void)
{
    _nop_();            //仅作延时用一条语句大约 1 μs
    _nop_();
    _nop_();
    _nop_();
}
    //==24c02 程序==
    //==起始条件==
void Start(void)
{
    C02_SDA=1;
    C02_SCL=1;
    Nop();
    C02_SDA=0;
    Nop();
}
    //==停止条件==
void Stop(void)
{
    C02_SDA=0;
    C02_SCL=1;
    Nop();
    C02_SDA=1;
    Nop();
}
    //==应答位==
void Ack(void)
{
    C02_SDA=0;
    Nop();
    C02_SCL=1;
    Nop();
    C02_SCL=0;
}
    //==反向应答位==
void NoAck(void)
{
    C02_SDA=1;
    Nop();
    C02_SCL=1;
    Nop();
```

```
        C02_SCL=0;
}
        //发送数据子程序，Data 为要求发送的数据
void Send(uchar Data)
{
        uchar BitCounter=8;
        uchar temp;
        do
        {
                temp=Data;//将待发送数据暂存 temp
                C02_SCL=0;
                Nop();
                if((temp&0x80)==0x80)//将读到的数据&0x80
                        C02_SDA=1;
                else
                        C02_SDA=0;
                C02_SCL=1;
                temp=Data<<1;//数据左移
                Data=temp;//数据左移后重新赋值 Data
                BitCounter--;//该变量减到 0 时，数据传送完成
        }
        while(BitCounter);//判断是否传送完成
        C02_SCL=0;
}
        //读一字节的数据，并返回该字节值
uchar Read(void)
{
        uchar temp=0;
        uchar temp1=0;
        uchar BitCounter=8;
        C02_SDA=1;
        do
        {
                C02_SCL=0;
                Nop();
                C02_SCL=1;
                Nop();
                if(C02_SDA)                //数据位是否为 1
                        temp=temp|0x01;
                else                       //如果为 0
                        temp=temp&0xfe;
                if(BitCounter-1)           //BitCounter 减 1 后是否为真
                {
                        temp1=temp<<1;     //temp 左移
                        temp=temp1;
                }
                BitCounter--;              //BitCounter 减到 0 时，数据接收完
```

```
    }while(BitCounter);        //判断是否接收完成
    return(temp);
}
    // ==写 ROM==
void WrToROM(uchar Data[],uchar Address,uchar Num)
{
    uchar i;
    uchar *PData;
    PData=Data;
    for(i=0;i<Num;i++)
    {
        Start();
        Send(0xa0);
        Ack();
        Send(Address+i);
        Ack();
        Send(*(PData+i));
        Ack();
        Stop();
        mDelay(20);
    }
}
    //==读 ROM==
void RdFromROM(uchar Data[],uchar Address,uchar Num)
{
    uchar i;
    uchar *PData;
    PData=Data;
    for(i=0;i<Num;i++)
    {
        Start();
        Send(0xa0);
        Ack();
        Send(Address+i);
        Ack();
        Start();
        Send(0xa1);
        Ack();
        *(PData+i)=Read();
        C02_SCL=0;
        NoAck();
        Stop();
    }
}
    //==LCD1602 程序==
#define yi 0x80     //LCD 第一行的初始位置
#define er 0x80+0x40    //LCD 第二行初始位置
    //==延时函数==
```

```
void delay(uint xms)//延时函数
{
    uint x,y;
    for(x=xms;x>0;x--)
    for(y=110;y>0;y--);
}
    //==写指令==
void write_1602com(uchar com)     //液晶写入命令函数
{
    lcd1602_RS=0;     //数据/指令选择置为指令
    lcd1602_RW=0;     //读/写选择置为写
    P0=com;           //送入数据
    delay(1);
    lcd1602_EN=1;     //拉高使能端
    delay(1);
    lcd1602_EN=0;     //en 由高变低，产生下降沿
}
    //==写数据==
void write_1602dat(uchar dat)     //液晶写入数据函数
{
    lcd1602_RS=1;     //数据/指令选择置为数据
    lcd1602_RW=0;     //读/写选择置为写
    P0=dat;           //送入数据
    delay(1);
    lcd1602_EN=1;     //en 置高电平，
    delay(1);
    lcd1602_EN=0;     //en 由高变低，产生下降沿
}
    //==LCD1602 初始化函数==
void lcd_init(void)
{
    write_1602com(0x38);   //设置模式：16*2 行显示，5*7 点阵，8 位数据
    write_1602com(0x0c);   //开显示不显示光标
    write_1602com(0x06);   //整屏不移动，光标自动右移
    write_1602com(0x01);   //清显示
}
    //==将按键值编码为数值==
unsigned char coding(unsigned char m)
{
    unsigned char k;
    switch(m)
    {
        case(0x11):k=1;break;
        case(0x21):k=2;break;
        case(0x41):k=3;break;
        case(0x81):k='A';break;
```

```
                case(0x12):k=4;break;
                case(0x22):k=5;break;
                case(0x42):k=6;break;
                case(0x82):k='B';break;
                case(0x14):k=7;break;
                case(0x24):k=8;break;
                case(0x44):k=9;break;
                case(0x84):k='C';break;
                case(0x18):k='*';break;
                case(0x28):k=0;break;
                case(0x48):k='#';break;
                case(0x88):k='D';break;
            }
        return(k);
    }
        //==按键检测并返回按键值==
unsigned char keynum(void)
{
        unsigned char row,col,i;
        P1=0xf0;   //所有行线为 0，列线为输入
        if((P1&0xf0)!=0xf0)   //一旦有键被按下，列线上的四位便不再全为 1
        {
            Delay5Ms();
            Delay5Ms();
            if((P1&0xf0)!=0xf0)   //如果有键被按下
            {
                col=P1^0xf0;     //确定列线
                i=0;
                P1=a[i]; //精确定位
                while(i<4)   //逐行扫描
                {
                    if((P1&0xf0)!=0xf0)
                    {
                        row=~(P1&0xff);   //确定行线
                        break;   //已定位后提前退出
                    }
                    else
                    {
                        i++;
                        P1=a[i];
                    }
                }
            }
            else
            {
                return 0;
            }
```

```
        while((P1&0xf0)!=0xf0);
        return(col|row);    //行线与列线组合后返回
        }
    else return 0;    //无键被按下时返回 0
}
    //===一声提示音，表示有效输入==
void OneAlam(void)
{
    ALAM=0;
    Delay5Ms();
    ALAM=1;
}
    //==两声提示音，表示操作成功==
void TwoAlam(void)
{
    ALAM=0;
    Delay5Ms();
    ALAM=1;
    Delay5Ms();
    ALAM=0;
    Delay5Ms();
    ALAM=1;
}
    //==三声提示音，表示错误==
void ThreeAlam(void)
{
    ALAM=0;
    Delay5Ms();
    ALAM=1;
    Delay5Ms();
    ALAM=0;
    Delay5Ms();
    ALAM=1;
    Delay5Ms();
    ALAM=0;
    Delay5Ms();
    ALAM=1;
}
    //==一直响，表示错误==
void Alam_KeyUnable(void)
{
            ALAM=0;                //提示音一直响
}
    //==显示提示输入==
void DisplayChar(void)
{
    unsigned char i;
```

```
        if(pass==1)
        {
              write_1602com(er);       //在第二行开始显示
              for(i=0;i<16;i++)
              {
                    write_1602dat(LockOpen[i]);     //显示 open，开锁成功
              }
        }
        else
        {
              if(N==0)      //输入密码位数
              {
                    write_1602com(er);
                    for(i=0;i<16;i++)
                    {
                          write_1602dat(Error[i]);    //显示错误
                    }
              }
              else
              {
                    write_1602com(er);
                    for(i=0;i<16;i++)
                    {
                          write_1602dat(start_line[i]);    //显示开始输入
                    }
              }
        }
}
        //==确认键==
void Ensure(void)
{
        unsigned char i,j;
        RdFromROM(CurrentPassword,0,6);    //从 AT24C02 里读出存储密码
        if(N==6)
        {
              if(ReInputEn==0)      //重置密码功能未开启
              {
        if((CurrentPassword[0]==InputData[0])&&(CurrentPassword[1]==InputData[1])
&&(CurrentPassword[2]==InputData[2])&&(CurrentPassword[3]==InputData[3])&&(
CurrentPassword[4]==InputData[4]))
                    {
                          ErrorCont=0;     //只要密码正确就将错误次数清零
                          CorrectCont++;    //输入正确变量++
                          if(CorrectCont==1)
                          {
                            write_1602com(er);
                            for(j=0;j<16;j++)
```

```
                    {
                            write_1602dat(LockOpen[j]);   //显示 open 开锁
                    }
                    TwoAlam();      //操作成功提示音
                    LOCK=0;       //开锁
                    pass=1;       //密码正确标志位置 1
                    for(j=0;j<6;j++)   //将输入清除
                    {
                            InputData[i]=0;      //开锁后将输入位清零
                    }
             }
             else   //当两次输入正确时，开启重置密码功能
             {
                    write_1602com(er);
                    for(j=0;j<16;j++)
                    {
                            write_1602dat(SetNew[j]); //显示重置密码
                    }
                    TwoAlam();      //操作成功提示
                    ReInputEn=1;     //允许重置密码输入
                    CorrectCont=0;    //正确计数器清零
             }
        }
        else
  if((InputData[0]==adminpassword[0])&&(InputData[1]==adminpassword[1])&&(Inpu
  tData[2]==adminpassword[2])&&(InputData[3]==adminpassword[3])&&(InputData[4
  ]==adminpassword[4]))
        {
                    WrToROM(initpassword,0,6); //将初始密码写存储
                    write_1602com(er);
                    for(j=0;j<16;j++)
                    {
                            write_1602dat(initword[j]); //显示初始化密码
                    }
                    TwoAlam();   //成功提示音
                    Delay400Ms();   //延时 400 ms
                    N=0;
        }
        else   //密码错误时
        {
                    CorrectCont=0;
                    ErrorCont++;    //错误次数++
                    write_1602com(er);
                    for(j=0;j<16;j++)
                    {
                            write_1602dat(Error[j]);     //显示错误信息
```

```
                  }
                  pass=0;
                  TR0=1;        //开启定时
                  key_disable=1;  //锁定键盘
                  LOCK=1;       //关闭锁
                  if(ErrorCont==3)  //错误达 3 次，报警锁定
                  {
                        write_1602com(er);
                        for(i=0;i<16;i++)
                        {
                              write_1602dat(Error[i]);
                        }
                  do
                        Alam_KeyUnable();
                  while(1);
                  }
              }
          }
      else
      {
          write_1602com(er);
          for(j=0;j<16;j++)
          {
                write_1602dat(Er_try[j]);    //错误，请重新输入
          }
          ThreeAlam();      //错误提示音
      }
}
else      //密码没有输入到 6 位时，按下确认键
{
      write_1602com(er);
      for(j=0;j<16;j++)
      {
            write_1602dat(Error[j]);    //显示错误
      }
      ThreeAlam();      //错误提示音
      pass=0;
}
N=0;    //将输入数据计数器清零
}
      //==重置密码==
void ResetPassword(void)
{
      unsigned char i;
      unsigned char j;
      if(pass==0)    //没开锁时
      {
```

```
        pass=0;
        DisplayChar();     //显示开始输入 password
        ThreeAlam();       //没开锁时按下重置密码报警三声
}
else    //开锁状态下才能进行密码重置
{
        if(ReInputEn==1)       //开锁状态下置 1，重置密码允许
        {
            if(N==6)    //输入 6 位密码
            {
                ReInputCont++;      //重置密码次数计数
                if(ReInputCont==1)      //输入一次密码时
                {
                    OneAlam();
                    for(i=0;i<6;i++)
                    {
                        TempPassword[i]=InputData[i];      //暂存
                    }
                    write_1602com(er);
                    for(j=0;j<16;j++)
                    {
                        write_1602dat(again[j]);       //显示再输入一次
                    }
                }
                if(ReInputCont==2)      //输入两次密码时
                {
        if((TempPassword[0]==InputData[0])&&(TempPassword[1]==InputData[1])&&(
TempPassword[2]==InputData[2])&&(TempPassword[3]==InputData[3])&&(TempPa
ssword[4]==InputData[4]))
                    {
                        write_1602com(er);
                        for(j=0;j<16;j++)
                        {
                            write_1602dat(ResetOK[j]);     //显示完成
                        }
                        TwoAlam();      //操作成功显示
                        WrToROM(TempPassword,0,6);     //写入存储
                        ReInputEn=0;    //关闭重置功能
                    }
                    else        //如果两次的密码不同
                    {
                        write_1602com(er);
                        for(j=0;j<16;j++)
                        {
                            write_1602dat(Error[j]);       //显示错误 Error
```

```
                              }
                              ThreeAlam();    //错误提示
                              pass=0;      //关锁
                              ReInputEn=0;    //关闭重置功能
                              ReInputCont=0;    //重置密码次数清零
                              LOCK=1;     //关闭锁
                              DisplayChar();
                          }
                          ReInputCont=0;
                          CorrectCont=0;
                      }
                      N=0;    //清零
              }
              else    //密码没有输入到 6 位时，按下重置键时
              {
                  write_1602com(er);
                  for(j=0;j<16;j++)
                  {
                      write_1602dat(Error[j]);    //显示错误
                  }
                  ThreeAlam();    //错误提示音
                  N=0;
              }
          }
      }
}
    //==取消所有操作==
void Cancel(void)
{
    unsigned char i;
    unsigned char j;
    //DisplayListChar(0,1,start_line);
    write_1602com(er);
    for(j=0;j<16;j++)
    {
        write_1602dat(start_line[j]);    //显示开机输入密码界面
    }
    TwoAlam();    //提示音
    for(i=0;i<6;i++)
    {
        InputData[i]=0;    //将输入密码清零
    }
    LOCK=1;    //关闭锁
    ALAM=1;    //报警关
    pass=0;    //密码正确标志清零
    ReInputEn=0;    //重置输入允许标志清零
```

```
        ErrorCont=0;    //密码错误输入次数清零
        CorrectCont=0;    //密码正确输入次数清零
        ReInputCont=0;    //重置密码输入次数清理
        s3_keydown=0;
        key_disable=0;    //锁定键盘标志清零
        N=0;        //输入位数计数器清零
}
        //==主函数==
void main(void)
{
    unsigned char KEY,NUM;
    unsigned char i,j;
    P1=0xFF;
    TMOD=0x01;    //定义工作方式
    TL0=0xB0;
    TH0=0x3C;    //定时器赋初值，定时 50 ms
    EA=1;        //打开中断总开关
    ET0=1;        //打开中断允许开关
    TR0=1;        //打开定时器开关
    Delay400Ms();
    lcd_init();            //LCD 初始化
    write_1602com(yi);
    for(i=0;i<16;i++)
    {
        write_1602dat(name[i]);        //向液晶屏写开机画面
    }
    write_1602com(er);
    for(i=0;i<16;i++)
    {
        write_1602dat(start_line[i]);        //写输入密码等待界面
    }
    write_1602com(er+9);    //设置光标位置
    write_1602com(0x0f);        //设置光标为闪烁
    Delay5Ms();
    N=0;    //初始化数据输入位数
    while(1)
    {
        if(key_disable==1)    //锁定键盘标志为 1 时
            Alam_KeyUnable();    //报警键盘锁
        else
            ALAM=1;            //关报警
        KEY=keynum();        //读按键的位置码
        if(KEY!=0)        //当有按键按下时
        {
            if(key_disable==1)    //锁定键盘标志为 1 时
```

```
    {
        second=0;        //秒清零
    }
    else        //没有锁定键盘时
    {
        NUM=coding(KEY);        //根据按键的位置将其编码
        {
            switch(NUM)        //判断按键值
            {
                case ('A'): ; break;
                case ('B'): ; break;
                case ('C'): ; break;
                case ('D'):ResetPassword();break; //重新设置密码
                case ('*'):Cancel(); break;        //取消当前输入
                case ('#'):Ensure();break;        //确认键
                default:
                {
                    if(N<6)
                    {
                        write_1602com(er);
                        for(i=0;i<16;i++)
                        {
                            write_1602dat(Input[i]); //显示输入
                        }
                        OneAlam();        //按键提示音
                        for(j=0;j<=N;j++)
                        {
                        write_1602com(er+6+j); //显示位数增加
                        write_1602dat('*'); //显示数字用*代替
                        }
                        InputData[N]=NUM;
                        N++;        //密码位数加
                    }
                    else        //大于 6 位后忽略
                    {
                        N=6;
                        break;
                    }
                }
            }
        }
    }
}
    //==中断服务函数==
```

```
void time0_int(void) interrupt 1          //定时器 T0
{
    TL0=0xB0;
    TH0=0x3C;          //定时器重新赋初值
    countt0++;          //计时器变量加，加 1 次时 50 ms
    if(countt0==20)    //加到 20 次就是 1s
    {
        countt0=0;      //变量清零
        second++;      //秒加
        if(!pass)        //不在开锁状态时
        {
            if(second==3)      //秒加到 3 时
            {
                TR0=0;        //关闭定时器
                second=0;      //秒清零
                key_disable=0;      //锁定键盘清零
                s3_keydown=0;        //3 秒键盘标志位清零
                TL0=0xB0;
                TH0=0x3C;      //重新赋初值
            }
            else
                TR0=1;          //打开定时器
        }
    }
}
```

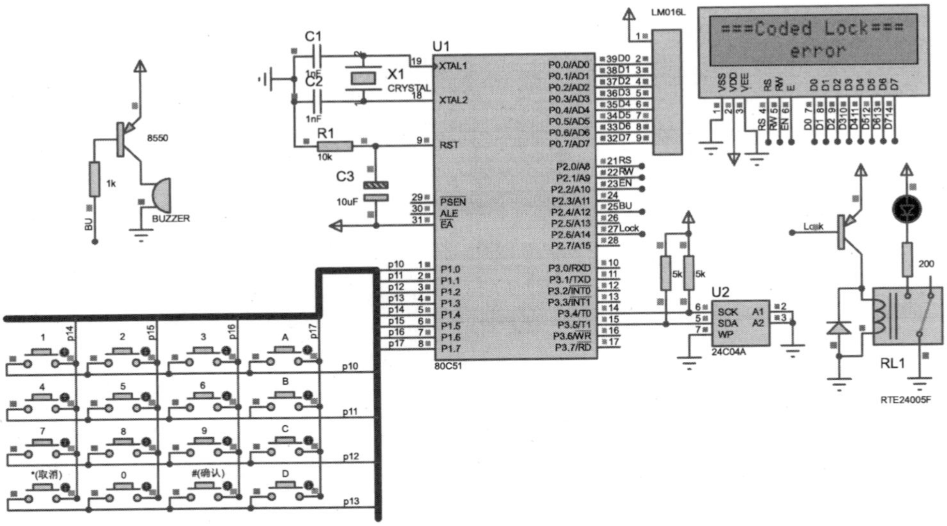

图 11.20　密码输入错误后的系统运行图

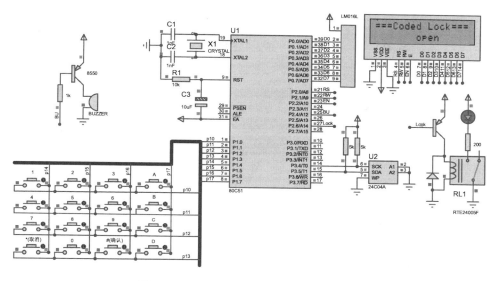

图 11.21　密码输入正确后的系统运行图

11.3　习　　题

1. 简述 DS1302 的优缺点。

2. 简述 DS1302 的读/写操作过程。

3. 什么是 1-wire 单总线，有什么优点？

4. DS18B20 需要几根信号线进行信息通信，它的名称是什么？

5. 简述 DS18B20 的内部组成结构。

6. DS18B20 的特点有哪些？

7. 简述 DS18B20 的读/写过程。

8. I^2C 总线的特点是什么？

9. I^2C 总线的起始信号和停止信号是如何定义的？

10. I^2C 总线的数据传送方向如何控制？

11. 具备 I^2C 总线接口的 EPROM 芯片有哪几种型号？容量如何？

12. AT24C 系列芯片的读写格式如何？

附录 A：ASCⅡ码表

表 A.1　ASCⅡ码表

低4位	高3位							
	000 (0H)	001 (1H)	010 (2H)	011 (3H)	100 (4H)	101 (5H)	110 (6H)	111 (7H)
0000(0H)	NUL	DLE	SP	0	@	P	`	p
0001(1H)	SOH	DC1	!	1	A	Q	a	q
0010(2H)	STX	DC2	″	2	B	R	b	r
0011(3H)	ETX	DC3	#	3	C	S	c	s
0100(4H)	EOT	DC4	$	4	D	T	d	t
0101(5H)	ENQ	NAK	%	5	E	U	e	u
0110(6H)	ACK	SYN	&	6	F	V	f	v
0111(7H)	BEL	ETB	′	7	G	W	g	w
1000(8H)	BS	CAN	(	8	H	X	h	x
1001(9H)	HT	EM	)	9	I	Y	i	y
1010(AH)	LF	SUB	*	:	J	Z	j	z
1011(BH)	VT	ESC	+	;	K	[	k	{
1100(CH)	FF	FS	,	<	L	\	l	|
1101(DH)	CR	GS	−	=	M	]	m	}
1110(EH)	SO	RS	.	>	N	^	n	~
1111(FH)	SI	US	/	?	O	_	o	DEL

NUL：空

SOH：标题开始

STX：正文结束

ETX：本文结束

EOT：传输结果

ENQ：询问

ACK：承认

BEL：报警

ETB：信息组传输结束

CAN：作废

EM：纸尽

SUB：减

ESC：换码

VT：垂直列表

FF：走纸控制

CR：回车

DC1：设备控制 1

DC2：设备控制 2

DC3：设备控制 3

DC4 ：设备控制 4

NAK：否定

FS：文字分隔符

GS：组分隔符

RS：记录分隔符

BS：退格

HT：横向列表

LF：换行

SYN：空转同步

SO：移位输出

SI：移位输入

SP：空格

DLE：数据链换码

US：单元分隔符

DEL：作废

附录 B：C51 语言库函数

1．本征库函数

本征库函数是指编译时直接将固定的代码插入到当前行，而不是用汇编语言中的"ACALL"和"LCALL"指令来实现调用，从而大大提高了函数的访问效率。Keil C51 软件的本征库函数有 9 个，数量少但非常有用。在使用本征库函数时，C51 语言源程序中必须包含预处理命令"#include <intrins.h>"。C51 语言本征库函数见表 B.1。

表 B.1　C51 语言本征库函数

函数名及定义	功能说明
unsigned char _crol_(unsigned char val,unsigned char n)	将字符型数据 val 循环左移 n 位
unsigned int _irol_(unsigned int val,unsigned char n)	将整型数据 val 循环左移 n 位
unsigned long _lrol_(unsigned long val,unsigned char n)	将长整型数据 val 循环左移 n 位
unsigned char _cror_(unsigned char val,unsigned char n)	将字符型数据 val 循环右移 n 位
unsigned int _iror_(unsigned int val,unsigned char n)	将整型数据 val 循环右移 n 位
unsigned long _lror_(unsigned long val,unsigned char n)	将长整型数据 val 循环右移 n 位
bit _testbit_(bit x)	相当于 JBC bit 指令
unsigned char _chkfloat_(float ual)	测试并返回浮点数状态
void _nop_(void)	产生一个 NOP 指令

2．字符判断转换库函数

字符判断转换库函数的原型声明在头文件 CTYPE.H 中定义。C51 语言字符判断转换库函数见表 B.2。

表 B.2　C51 语言字符判断转换库函数

函数名及定义	功能说明
bit isalpha(char c)	检查参数字符是否为英文字母，是则返回 1，否则返回 0
bit isalnum(char c)	检查参数字符是否为英文字母或数字字符，是则返回 1，否则返回 0
bit iscntrl(char c)	检查参数字符是否为控制字符（值在 0x00～0x1f 之间或等于 0x7f）是则返回 1，否则返回 0
bit isdigit(char c)	检查参数字符是否为十进制数字 0～9，是则返回 1，否则返回 0
bit isgraph(char c)	检查参数字符是否为可打印字符（不包括空格），值域 0x21～0x7e，是则返回 1，否则返回 0
bit isprint(char c)	检查参数字符是否为可打印字符（包括空格），值域 0x21～0x7e，是则返回 1，否则返回 0
bit ispunct(char c)	检查参数字符是否为标点、空格或格式字符，是则返回 1，否则返回 0

续表

函数名及定义	功能说明
bit islower(char c)	检查参数字符是否为小写英文字母，是则返回 1，否则返回 0
bit isupper(char c)	检查参数字符是否为大写英文字母，是则返回 1，否则返回 0
bit isspace(char c)	检查参数字符是否为空格、制表符、回车、换行、垂直制表符和送纸（值为 0x09~0x0d，或为 0x20），是则返回 1，否则返回 0
bit isxdigit(char c)	检查参数字符是否为十六进制数字字符，是则返回 1，否则返回 0
char toint(char c)	将 ASCII 字符的 0~9、a~f（大小写无关）转换为十六进制数字
char tolower(char c)	将大写字符转换成小写形式，如果字符参数不在 A~Z 之间，则该函数不起作用
char _tolower(char c)	将字符参数 c 与常数 0x20 逐位相或，从而将大写字符转换成小写字符
char toupper(char c)	将小写字符转换成大写形式，如果字符参数不在 a~z 之间，则该函数不起作用
char _toupper(char c)	将字符参数 c 与常数 0xdf 逐位相与，从而将小写字符转换成大写字符
char toascii(char c)	将任何字符参数值缩小到有效的 ASCII 范围内，即将 c 与 0x7f 相与，去掉第 7 位以上的位

3. 输入输出库函数

输入输出库函数的原型声明在头文件 STDIO.H 中定义，通过 80C51 单片机的串行口工作。如果希望支持其他 I/O 接口，那么只需要改动_getkey()和 putchar()函数。库中所有其他的 I/O 支持函数都依赖于这两个函数模块。C51 语言输入输出库函数见表 B.3。

表 B.3　C51 语言输入输出库函数

函数名及定义	功能说明
char _getkey(void)	等待从 8051 串口读入一个字符并返回读入的字符，这个函数是改变整个输入端口机制时应做修改的唯一一个函数
char getchar(void)	使用_getkey 从串口读入字符，并将读入的字符马上传给 putchar 函数输出，其他与_getkey 函数相同
char *gets(char *s,int n)	该函数通过 getchar 从串口读入一个长度为 n 的字符串，并存入由 s 指向的数组。输入时一旦检测到换行符就结束字符输入。输入成功时返回传入的参数指针，失败时返回 NULL
char ungetchar(char c)	将输入字符回送到输入缓冲区，因此下次 gets 或 getchar 可用该字符。成功时返回 char 型值，失败时返回 EOF，不能处理多个字符

续表

函数名及定义	功能说明
char putchar(char c)	通过 8051 串行口输出字符，与函数_getkey 一样，这是改变整个输出机制所需要修改的唯一一个函数
int printf(const char * fmstr[,argument]...)	以第一个参数指向字符串制定的格式通过 8051 串行口输出数值和字符串，返回值为实际输出的字符数
int sprintf(char *s,const char *fmstr[,argument]...)	与 printf 功能相似，但数据通过一个指针 s 送入内存缓冲区，并以 ASCII 码的形式存储
int puts(const char *s)	利用 putchar 函数将字符串和换行符写入串行口，错误时返回 EOF，否则返回 0
int scanf(const char * fmstr[,argument]...)	在格式控制串的控制下，利用 getchar 函数从串行口读入数据，每遇到一个符合格式控制串 fmstr 规定的值，就将它按顺序存入由参数指针 argument 指向的存储单元，其中每个参数都是指针，函数返回所发现并转换的输入项数，错误则返回 EOF
int sscanf(char *s,const char *fmstr[,argument]...)	与 scanf 的输入方式相似，但字符串的输入不是通过串行口，而是通过指针 s 指向的数据缓冲区
void vprintf(const char *s, char *fmstr,char *argptr)	将格式化字符串和数据值输出到由指针 s 指向的内存缓冲区内。类似于 sprintf，但接受一个指向变量表的指针，而不是变量表。返回值为实际写入到输出字符串中的字符数

4．字符串处理库函数

字符串处理库函数的原型声明包含在头文件 STRING.H 中，字符串函数通常接收指针串作为输入值。一个字符串包括两个或多个字符，字符串的结尾以空字符表示。在函数 memcmp、memcpy、memchr、memccpy、memset 和 memmove 中，字符串的长度由调用者明确规定，这些函数可工作在任何模式。C51 语言字符串处理库函数见表 B.4。

表 B.4　C51 语言字符串处理库函数

函数名及定义	功能说明
void *memchr(void *s1, char val, int len)	顺序搜索字符串 s1 的前 len 个字符，以找出字符 val，成功时返回 s1 中指向 val 的指针，失败时返回 NULL
char memcmp(void *s1, void * s2, int len)	逐个字符比较串 s1 和 s2 的前 len 个字符，成功时返回 0，若串 s1 大于或小于 s2，则相应地返回一个正数或一个负数
void *memcpy(void *dest, void * src , int len)	从 src 所指向的内存中复制 len 个字符到 dest 中，返回指向 dest 中最后一个字符的指针。若 src 与 dest 发生交迭，则结果是不可测的

续表

函数名及定义	功能说明
void *memccpy(void *dest, void *src, char val, int len)	复制 src 中的 len 个元素到 dest 中。若实际复制了 len 个字符，则返回 NULL。复制过程在复制完字符 val 后停止，此时返回指向 dest 中下一个元素的指针
void *memmove(void *dest, void *src, int len)	它的工作方式与 memcpy 相同，但复制的区域可以交迭
void memset(void *s, char val, int len)	用 val 来填充指针 s 中的 len 个单元
void *strcat(char *s1, char *s2)	将串 s2 复制到 s1 的尾部。strcat 假定 s1 所定义的地址区域足以接受两个串。返回指向 s1 中的第一个字符的指针
char *strncat(char *s1, char *s2, int n)	复制串 s2 中的 n 个字符到 s1 的尾部，若 s2 比 n 短，则只复制 s2（包括串结束符）
char strcmp(char *s1, char *s2)	比较串 s1 和 s2，若相等，则返回 0；若 s1<s2，则返回一个负数；若 s1>s2，则返回一个正数
char strncmp(char *s1, char *s2, int n)	比较串 s1 和 s2 中的前 n 个字符。返回值同上
char *strcpy(char *s1, char *s2)	将串 s2（包括结束符）复制到 s1 中，返回指向 s1 中第一个字符的指针
char *strncpy(char *s1, char *s2, int n)	与 strcpy 相似，但它只复制 n 个字符。若 s2 的长度小于 n，则 s1 串以 0 补齐到长度 n
int strlen(char *s1)	返回串 s1 中的字符个数，不包括结尾的空字符
char *strstr(const char *s1, char*s2)	搜索字符串 s2 中第一次出现在 s1 中的位置，并返回一个指向第一次出现的位置开始处的指针。若字符串 s1 中不包括字符串 s2，则返回一个空指针
char *strchr(char *s1, char c)	搜索 s1 串中第一个出现的字符 c，若成功，则返回指向该字符的指针，否则返回 NULL。被搜索的字符可以是串结束符，此时返回值是指向串结束符的指针
int strpos(char *s1, char c)	与 strchr 类似，但返回的是字符 c 在串 s1 中第一次出现的位置值，没有找到则返回−1。s1 串首字符的位置是 0
char *strrchr(char *s1, char c)	搜索 s1 串中最后一个出现的字符 c，若成功，则返回指向该字符的指针，否则返回 NULL。被搜索的字符可以是串结束符
int strrpos(char *s1, char c)	与 strrchr 相似，但返回值是字符 c 在 s1 串中最后一次出现的位置值，没有找到则返回−1
int strspn(char *s1, char *set)	搜索 s1 串中第一个不包括在 set 串中的字符，返回值是 s1 中包括在 set 里的字符个数。若 s1 中的所有字符都包括在 set 里面，则返回 s1 的长度（不包括结束符）。若 set 是空串，则返回 0

续表

函数名及定义	功能说明
int strcspn(char *s1, char *set)	与 strspn 相似，但它搜索的是 s1 串中的第一个包含在 set 里的字符。
char *strpbrk(char *s1, char *set)	与 strspn 相似，但返回指向搜索到的字符的指针，而不是个数；若未找到，则返回 NULL
char *strrpbrk(char *s1, char *set)	与 strpbrk 相似，但它返回 s1 中指向找到的 set 字符集中最后一个字符的指针

5. 类型转换及内存分配库函数

类型转换及内存分配库函数的原型声明包含在头文件 STDLIB.H 中，利用该库函数可以完成数据类型转换以及存储器分配操作。C51 语言类型转换及内存分配库函数见表 B.5。

表 B.5　C51 语言类型转换及内存分配库函数

函数名及定义	功能说明
float atof(char *s1)	将字符串 s1 转换成浮点数值并返回，输入串中必须包含与浮点值规定相符的数。该函数在遇到第一个不能构成数字的字符时，停止对输入字符串的读操作
long atoll(char *s1)	将字符串 s1 转换成一个长整型数值并返回，输入串中必须包含与长整型数格式相符的字符串。该函数在遇到第一个不能构成数字的字符时，停止对输入字符串的读操作
int atoi(char *s1)	将字符串 s1 转换成整型数并返回，输入串中必须包含与整型数格式相符的字符串。该函数在遇到第一个不能构成数字的字符时，停止对输入字符串读操作
void *calloc(unsigned int n, unsigned int size)	为 n 个元素的数组分配内存空间，数组中每个元素的大小为 size，所分配的内存区域用 0 初始化。返回值为已分配的内存单元起始地址，若不成功，则返回 0
void free(void xdata *p)	释放指针 p 所指向的存储器区域。若 p 为 NULL，则该函数无效，p 必须是以前用 calloc、malloc 或 realloc 函数分配的存储器区域。调用 free 函数后，被释放的存储器区域就可以参加以后的分配了
void init_mempool(void xdata *p, unsigned int size)	对可被函数 calloc、free、malloc 或 realloc 管理的存储器区域进行初始化，指针 p 表示存储区的首地址，size 表示存储区的大小
void *malloc(unsigned int size)	在内存中分配一个 size 字节大小的存储器空间，返回值为一个 size 大小对象所分配的内存指针。若返回 NULL，则无足够的内存空间可用

续表

函数名及定义	功能说明
void *realloc(void xdata * p, unsigned int size)	用于调整先前分配的存储器区域大小。参数 p 指示该存储区域的起始地址，参数 size 表示新分配的存储器区域的大小。原存储器区域的内容被复制到新存储器区域中。若新区域较大，则多出的区域将不作初始化。realloc 返回指向新存储区的指针，若返回 NULL，则无足够大的内存可用，这时将保持原存储区不变。
int rand()	返回一个 0～32 767 之间的伪随机数，对 rand 的相继调用将产生相同序列的随机数
void srand(int n)	用来将随机数发生器初始化成一个已知（或期望）值
unsigned long strtod (const char *s, char **ptr)	将字符串 s 转换为一个浮点型数据并返回，字符串前面的空格、/、tab 符被忽略
long strtol (const char * s, char **ptr, unsigned char base)	将字符串 s 转换为一个 long 型数据并返回，字符串前面的空格、/、tab 符被忽略
long strtoul (const char * s, char **ptr, unsigned char base)	将字符串 s 转换为一个 unsigned long 型数据并返回，溢出时返回 ULONG_MAX。字符串前面的空格、/、tab 符被忽略

6. 数学计算库函数

数学计算库函数的原型声明包含在头文件 MATH.H 中。C51 语言数学计算库函数见表 B.6。

表 B.6　C51 语言数学计算库函数

函数名及定义	功能说明
int abs(int val) char cabs(char val) float fabs(float val) long labs(long val)	abs 计算并返回 val 的绝对值。若 val 为正，则不做改变就返回；若 val 为负，则返回相反数。其余 3 个函数除了变量和返回值类型不同，其他功能完全相同
float exp(float x) float log(float x) float log10(float x)	exp 计算并返回浮点数 x 的指数函数； log 计算并返回浮点数 x 的自然对数（以 e 为底，e=2.718 282）； log10 计算并返回浮点数 x 以 10 为底的对数
float sqrt(float x)	计算并返回 x 的正平方根
float cos(float x) float sin(float x) float tan(float x)	cos 计算并返回 x 的余弦值，变量范围 $-\pi/2$～$+\pi/2$； sin 计算并返回 x 的正弦值，值在 $-65\,535$～$+65\,535$ 之间； tan 计算并返回 x 的正切值，否则产生 NaN 错误

续表

函数名及定义	功能说明
float acos(float x) float asin(float x) float atan(float x) float atan2(float y, float x)	acos 计算并返回 x 的反余弦值； asin 计算并返回 x 的反正弦值； atan 计算并返回 x 的反正切值，值域为 $-\pi/2 \sim +\pi/2$； atan2 计算并返回 y/x 的反正切值，值域为 $-\pi \sim +\pi$
float cosh(float x) float sinh(float x) float tanh(float x)	cosh 计算并返回 x 的双曲余弦值； sinh 计算并返回 x 的双曲正弦值； tanh 计算并返回 x 的双曲正切值
float ceil(float x)	计算并返回一个不小于 x 的最小整数（作为浮点数）
float floor(float x)	计算并返回一个不大于 x 的最小整数（作为浮点数）
float modf(float x, float * ip)	将浮点数 x 分成整数和小数部分，两者都含有与 x 相同的符号，整数部分放入*ip，小数部分作为返回值
float pow(float x, float y)	计算并返回 x^y 值，若 x 不等于 0 而 $y=0$，则返回 1；若 $x=0$ 且 $y \leqslant 0$ 或当 $x<0$ 且 y 不是整数时，则返回 NaN

参 考 文 献

[1] 李全利.单片机原理及应用[M].北京：清华大学出版社，2014.

[2] 陈海宴.51 单片机原理及应用——基于 Keil C 与 Proteus[M].北京：北京航空航天大学出版社，2022.

[3] 王艳春. 单片机原理、接口及应用——基于 C51 与 Proteus 仿真平台[M].哈尔滨：哈尔滨工业大学出版社，2018.

[4] 张毅刚,彭喜元,彭宇.单片机原理及应用[M].北京:高等教育出版社，2010.

[5] 段晨东.单片机原理及接口技术[M].北京:清华大学出版社，2013.